高等院校信息技术规划教材

气象信息处理与系统设计基础

马利　赵立成　王保卫　编著

清华大学出版社

北京

内 容 简 介

本书为有关气象信息处理与系统设计基础领域的首部教材。内容包括气象信息系统概述、气象要素预报、气象资料、气象图形图像软件 GrADS、Fortran95 程序设计、气象信息系统开发实例、Python 统计实例共 7 章内容。本书内容覆盖面广泛、丰富、体系严谨,体现了当前气象信息技术的最新成果。本书信息量大,多采用案例、图、表等方式进行表达,逻辑性强,易于读者理解。本书将基础性、时代性、系统性、启发性、应用性融为一体。气象信息处理、气象业务现代化、气象信息系统工程三部分内容交叉融合,力求形成"理论、实践、应用"相统一的教学体系。

本书可作为普通高等院校各类专业气象特色课程的教材使用。

本书是中国气象局和南京信息工程大学共建项目资助精品教材,并获得江苏省高等教育教改研究(2015JSJG521)资助。

图书在版编目(CIP)数据

气象信息处理与系统设计基础/马利,赵立成,王保卫编著. —北京:清华大学出版社,2017
(2021.11重印)
(高等院校信息技术规划教材)
ISBN 978-7-302-48316-8

Ⅰ. ①气… Ⅱ. ①马… ②赵… ③王… Ⅲ. ①气象—信息处理—高等学校—教材 ②气象—管理信息系统—系统设计—高等学校—教材 Ⅳ. ①P4-39

中国版本图书馆 CIP 数据核字(2017)第 218389 号

责任编辑:袁勤勇
封面设计:常雪影
责任校对:胡伟民
责任印制:朱雨萌

出版发行:清华大学出版社
　　　　网　　　址:http://www.tup.com.cn,http://www.wqbook.com
　　　　地　　　址:北京清华大学学研大厦 A 座　　　　　　邮　　编:100084
　　　　社 总 机:010-62770175　　　　　　　　　　　　邮　　购:010-83470235
　　　　投稿与读者服务:010-62776969,c-service@tup.tsinghua.edu.cn
　　　　质量反馈:010-62772015,zhiliang@tup.tsinghua.edu.cn
　　　　课件下载:http://www.tup.com.cn,010-83470236
印 装 者:三河市龙大印装有限公司
开　　本:185mm×260mm　　　　　印　　张:12　　　　字　　数:295 千字
版　　次:2017 年 11 月第 1 版　　　　　印　　次:2021 年 11 月第 5 次印刷
定　　价:49.00 元

产品编号:071491-02

前言

本书是中国气象局和南京信息工程大学共建项目资助精品教材，并获得江苏省高等教育教改研究(2015JSJG521)资助，内容包括气象信息系统概述、气象要素预报、气象资料、气象图形图像软件GrADS、Fortran95程序设计、气象信息系统开发实例、Python统计实例共7章内容。全书内容由浅入深。第1章为气象信息系统概述，从我国气象信息系统的基本概念入手，进而讲解国内外气象信息系统的发展过程，描述气象信息系统的现状，依托以上三个方面对气象信息系统进行概括性介绍。第2章为气象要素预报，气象要素预报的内容很多，主要包括风、气温、雾、云和降水等气象要素的预报，本章在分析几种主要气象要素形成的宏观条件的基础上，简要介绍依据不同的气象要素所运用的不同预报方法。第3章为气象资料，气象资料是气象信息的主要组成部分之一，是气象业务的基础资料，是国家的重要信息资源。实现气象资料的科学有序管理与共享服务是气象信息系统的基本要求，也是基本职责。本章对气象资料的概念、加工处理技术、业务与规范、管理与服务等进行概要描述。第4章为气象图形图像软件GrADS，GrADS(Grid Analysis and Display System)是一款在气象界应用广泛的数据处理和显示绘图软件，该软件具有气象数据分析功能强、地图投影坐标丰富、高级编程语言使用简单、图形显示快速，并具有彩色动画功能等特点，适用于目前流行的各种操作系统，已经成为国内外气象数据显示的标准平台之一。本章包含GrADS软件包、GrADS数据、编写ctl文件、编写gs文件、gs文件的基本内容，对系统运行环境的参数设置和功能定义进行了描述，并给出大量应用实例。第5章为Fortran95程序设计，Fortran语言是在科学计算领域广泛使用的计算机编程语言。灵活使用Fortran语言进行程序设计，对气象科学计算领域的编程人员来说是一项非常重要的基本技能。本章给出与气象信息处理相关的大量实例。第6章为气象信息系统开发实例，本章以实例引导学生开发。第7章为Python统计实例，本章引入Python语言，给出Python在气象统计中的应用实例。

本书力求反映气象信息系统及技术发展的趋势，充分反映本学科领域的最新科技成果。本书信息量大，多采用案例、图、表等方式进行表达，逻辑性强，易于读者理解。本书将基础性、时代性、系统性、启发性、应用性融为一体。气象信息处理、气象业务现代化、气象信息系统工程三部分内容交叉融合，力求形成"理论、实践、应用"相统一的教学体系。

本书可作为普通高等院校各类专业气象特色课程的教材。

本书由马利、赵立成、王保卫编著，赵立成编写第 1 章和第 3 章，马利、王保卫编写其余章节。杨慧杰、韩瑾、胡媚同学负责全书的录入、插图和校正。在编写过程中，本书还得到了国家气象信息中心沈文海、李湘、孙婧、赵芳、高峰的大力支持和帮助，正是他们的支持和帮助，使本书得以顺利编著出版。在此，笔者谨向他们表示最真挚的感谢。

本书的编辑出版还得到了清华大学出版社的倾心支持，在此一并感谢。

由于时间紧迫以及作者的水平有限，书中难免存在不足之处，恳请读者批评、指正。

编　者
2017 年 7 月

目录

contents

第1章

气象信息系统概述

本章从我国气象信息系统的基本概念入手,进而讲解国内外气象信息系统的发展过程,并描述气象信息系统的现状,依托以上三个方面对气象信息系统进行概括性介绍。本章涉及的基本概念包括气象信息系统、信息系统、气象业务系统及气象信息业务系统等。

1.1 气象信息系统的基本概念

顾名思义,气象信息系统就是所有与完成某个气象专业工作相关的事物按某种特定规则(或关系)所组成的整体;简而言之,就是完成某个特定气象业务系统的总体。

气象信息系统工程要求对气象信息从资料收集、检索到处理、分析、预测,包括预报员对计算机天气产品的理解、裁决以及预报结论的可视化提交等均应以计算机软件系统的形式存储在计算机中,形成一套完整的系统工作流程,具体包括气象资料库、气象应用程序库、图形图像库及预报员四个基本要素。

1.1.1 资料库

气象资料库是气象工程学与现代天气预报学的基础。资料库应包括实时资料与历史资料。检索与回放资料包括实时检索、动态检索、智能化搜索与可视化检索等技术。

最初,数据只有四个基本类型:整数类型(integer)和实数类型(real)分别为计算机可表示的范围内的整数和实数,布尔类型(boolean)的取值为真(true)与假(false),字符类型(char)的取值为可表示的字符串。随着图形图像技术的发展,数字化图形图像数据已经成为一种专门的类型,从资料库内容上划分,应包含原始资料、一级加工资料(如要素库资料)、二级加工资料(如分区资料、分成资料、专项资料等)、三级加工资料(如数值预报产品资料)等,资料库并非是许多资料或文件的集合。资料文件的动态与静态生成、检索与存取、文件的管理、资料的多种载体的转换与共享技术(多媒体技术)、记码格式的互换技术、资料的压缩存放与复原技术等都属于资料库与多种资料加工处理的内容。

1.1.2 程序库

气象专用程序是气象系统工程中的基础。通常,一个气象程序库包含基本数学分析与计算方法库、专用气象程序库及输入/输出资料界面接口方法库三项内容。其中气象专用程序库可回答预报人员和科研人员在天气分析预报和科学研究中要解决的一些基本问题,如对气象要素场初值进行客观分析、运动学分析、动力学分析、热力学分析、大气参数诊断分析及给出预报方法的程序等。程序库的设计及其动态链接运行技术是天气预报系统中的重要支持技术。

1.1.3　图形图像库

看图识天气是天气预报员的基本功之一。天气图上绘制了各种各样代表不同天气的天气符号。

然而,传统天气图是二维纸面上的静态天气形势的分析。实际大气运动过程远比这种二维解析表达复杂得多。大气过程的发展和变化无论在时间还是空间上都是一种多尺度并存的运动,以及多尺度运动之间的相互作用与转换。

在如今的计算机图形图像系统中,对天气变化的动态重放、捕捉雷暴发展演变过程或表达西风带长波系统的东移,对发生于大气中的快速或缓慢的变化都能转换为中速运动,以适应人的感觉速度,并进行卓有成效的分析。这就是现代天气图形图像学的概念与意义。

现代天气图形图像库研究的内容包括大气环流与天气系统的结构分析、动态天气分析和预测、天气过程的三维表达、快速与慢速动态回放等。

1.1.4　预报员

在系统工程建设中,预报员的作用不可低估。在定义系统工程的要素中强调预报员的意义十分重要。天气系统设计首要是以天气的现代诊断、表达、预测为核心。在任何从事天气预测的系统或平台的设计中,离开或忽略预报员的核心作用常常会导致设计的失败。这说明了在系统(包括引进的系统)设计中,人员水平、技术思路及发展更新非常重要。

1.2　气象信息系统的发展历程

业务需求和技术发展推动气象信息化不断向前迈进。

1.2.1　通信网络的发展

我国在 20 世纪 80 年代建设了气象专用通信网,开始建立计算机通信网络。20 世纪 90 年代建设了 9210 工程,实现了"专网为主、公网为辅",建成计算机局域网。2005 年起,我国建成宽带网,实现了"公网为主、专网为辅",建设国家级存储检索系统(MDSS)。2007 年起,我国设计建设了全国综合气象信息共享平台 CIMISS 系统,加强数据库和应用软件的建设。2016 年 12 月 20 日,由国家气象信息中心牵头建设的全国综合气象信息共享平台(CIMISS)正式业务化运行。

气象通信网络经过近 60 年的发展,其业务与采用的技术均发生了翻天覆地的变化,气象通信的手段、方式和能力等方面在不断地改进与提高,有力地推动了气象现代化的进程,为气象业务的发展提供了保障与支撑。

　　享有"金气工程"之誉的气象卫星综合业务系统(9210 工程)自 1992 年开始筹建,并于 1999 年正式投入业务运行。9210 工程实质上是新一代气象通信系统工程,采用了卫星通信、计算机网络、分布式数据库、数字程控交换等先进技术,建设了一个以卫星通信为主,地面通信为辅,以专网为主,公网为辅的集中控制、分级管理的现代化综合气象信息网络系统。系统的突出特点是传输信息量大、时效快、覆盖面广等,大大改善了国内的气象通信能力。

　　9210 工程由北京通信主站、31 个省级站和 297 个地(市)级站组成。卫星广域网利用卫星通信桥接技术将国家气象中心、区域气象中心、省气象台和地(市)气象台的局域网互联形成一个广域网,上行速率为 1Mb/s,下行速率为 512Kb/s。卫星话音网是一个网状结构的标准话音网,除承担话音业务外,还可以召开全国气象部门内部电话会商与电话会议。卫星单向数据广播网承担国家级预报产品和全球实时观测数据的广播分发,广播速率为 2Mb/s。

　　1999 年,9210 工程全面业务化运行。全国建成 2400 个卫星广播数据接收站,气象卫星综合应用业务系统在我国气象通信和业务发展中发挥了重要作用。使气象信息的收集和分发时效大大提高,为 21 世纪我国气象事业的大发展奠定了良好的基础,9210 工程网络总体结构示意如图 1-1 所示。

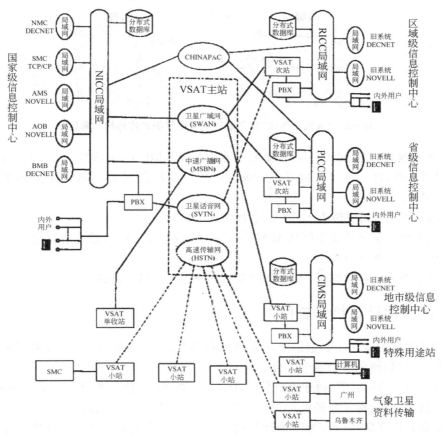

图 1-1　9210 工程网络总体结构示意图

目前我国建成了"天地一体化"的气象通信网络系统,如图 1-2 所示,覆盖国家、省、地、县四级气象部门,支持气象数据和产品传输、共享服务和县级综合业务平台等集约化业务应用。

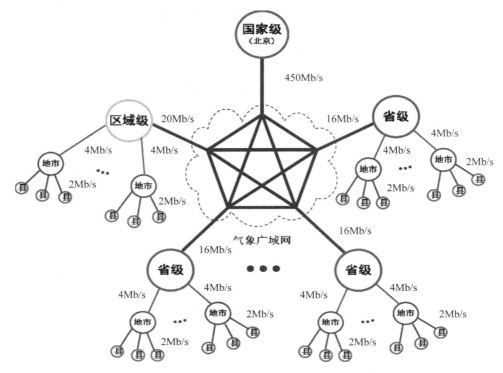

图 1-2 "天地一体化"的气象通信网络系统总体结构示意图

- 全国地面广域网络:国家级接入速率为 450Mb/s,区域级为 20Mb/s,省级为 16Mb/s,省—地线路速率为 4Mb/s,地—县线路速率 2Mb/s(江苏 20Mb/s,10Mb/s)。
- 局域网络:国家级为 10Gb/s,省级为 10Gb/s。
- 气象数据卫星广播系统(CMACast)注册接收站 2538 个,播发数据量 300GB/日。
- 建立省际共享业务。
- 收集观测资料数据量:雷达 172 站,56GB/日;区域自动站 40776 站,5.3GB/日。

1.2.2 高性能计算机的应用

通用计算机的应用主要包括通信和填图自动化、资料处理自动化、气象卫星资料处理自动化、气象科研的平台四个部分。

20 世纪 70 年代后期,由于高性能巨型计算机的问世,使气象科学在某些领域(如数值天气预报领域)获得了突破性的进展。鉴于计算机在气象中如此重要的地位和作用,世界各国总是把气象部门作为巨型计算机最新成就的优先用户之一。高性能计算机在气象领域的应用十分广泛,主要有数值天气预报、气候预测与预估、人工智能、计算机视觉化等方面。以我国数值预报业务系统的发展为例,其发展的各个阶段均离不开高性能计算机。随着数值预报水平的不断提高,对计算能力的需求也随之成倍增长。根据试验,数值天气预报模式的分辨率每提高一倍,其计算量将增加 16 倍以上。此外,数值天气预报的业务运行对计算机也有较高的时效要求,不同的预报模式要求在各自限定的时间内完成全部计算任务,否则将直接影响到预报结果的时效性和可用性。

1. 国家级高性能计算机系统建设

自 20 世纪 90 年代中期以来,高性能计算机的运算能力明显增强。国家级气象业务中心先后建成了银河Ⅱ、CRAY J90、CRAY EL98、CRAY C92、IBM SP2、IBM SP、曙光1000A、银河Ⅲ、神威Ⅰ、神威新世纪－32I、神威新世纪－32P 以及 IBM Cluster 1600 等高性能计算机系统,在开展数值预报业务和研究等工作中发挥了重大作用。同时,我国建立了国家级北京高性能计算机应用中心,并向全社会开放。到 2004 年底,国家气象信息中心运行的高性能计算机的聚合能力达到 23 万亿次/秒浮点运算。

从 20 世纪 90 年代初到 2005 年,气象部门国家级计算能力的增速基本达到每 5 年增长 1 个数量级,2005 年底,21.5 万亿次的高性能计算机系统投入业务应用,用于业务和科研的计算能力相比 1978 年提高了近 2300 万倍,相比"九五"期间提高了近 200 倍。

改革开放 30 年来,中国气象局进行了 6 次较大规模的计算机系统建设,实现了气象数值预报业务发展的 6 次飞跃。

1978 年 11 月,中国气象局引进了一台每秒百万次运算能力、内存为 4MB、磁盘容量为 2.1GB 的日立 M-170 计算机,这在当时属于国内综合性能最强的计算机系统,主要用于气象数据处理和运行 MOS 数值预报模式,从此结束了我国没有数值预报业务的历史。1980 年 7 月,A 模式(欧亚区域模式)开始投入业务运行;1983 年 8 月,B 模式(亚洲区域模式)开始投入业务运行。以上标志着我国的数值天气预报全面进入实用化阶段。

1989 年和 1991 年,作为中期数值天气预报系统工程建设中最重要的技术装备——CDC 公司的 CYBER962(每秒 1480 万次)和 CYBER992(每秒 3460 万次)计算机先后安装,这是经美国总统特批后出口到中国的最高性能的大型计算机,其中,Cyber992 字长64 位,内存为 64MB,磁盘容量为 36GB,峰值性能为 34MIPS,并带有向量处理部件,峰值向量运算性能达 57MFLOPS(每秒百万次浮点运算),采用的操作系统是 NOS/VE。CYBER 计算机的安装为 T42L9 中期数值天气预报业务提供了良好的计算机运行环境,从此正式建成了我国第一代中期数值天气预报业务系统。1991 年,T42L9 中期数值预报业务系统终于研制成功,正式制作 5 天范围内的全球天气预报,使我国成为当时世界上仅有的 9 个能够制作中期数值天气预报的国家之一。自 1991 年 6 月 15 日开始,T42L9 模式和有限区 LAFS 降水模式的数值预报产品发向省、地气象局,对天气形势预报起到了指导作用。

1988 年 3 月 12 日,国家气象中心与国防科技大学签订了购买单 CPU 的银河Ⅱ计算机系统合同。1992 年 4 月补签合同,升级为双 CPU;1993 年 7 月又补签合同,再升级为4 CPU。1993 年 8 月,国产银河巨型计算机 YH2(每秒 4 亿次浮点运算)在中国气象局安装成功。同年 9 月 14 日,T63L16 中期数值预报业务系统在 YH2 上建成。同年

10 月 14 日,第二代中期数值天气预报模式 T63L16 在 VAX-Cyber-YH2 构成的计算机系统上运行。银河-Ⅱ在国家气象中心的安装和使用,结束了我国气象部门没有国产巨型计算机的历史,为后来打破西方国家对我国在计算机技术上的封锁创造了有利条件,标志着我国气象现代化迈上了一个新的台阶。

1994 年 10 月,中国气象局首次引进了 CRAY 公司的 CRAY C92 向量巨型计算机,该机峰值性能达到 2000MFLOPS,内存为 1GB,磁盘容量为 127GB,为新一代中期数值天气预报业务系统的建立和可靠运行奠定了基础。1997 年 6 月,更高分辨率的 T106L19 中期数值预报业务系统建成,并投入业务运行,预报时效延长到 10 天。同时在该机上还运行了全球中期数值天气预报模式 T63L16 延伸预报、台风模式、暴雨模式、中尺度数值天气预报模式及部分科研任务,CPU 利用率长期保持在 90% 以上。

中国气象局在充分应用传统向量巨型计算机的同时,一直密切关注着未来高性能计算机的发展方向,为此,中国气象局成立了专门领导小组负责此事。经过对国内外计算机技术发展趋势的广泛调研和深入分析,中国气象局决定把逐步装备和应用大规模并行计算机(MPP)作为气象部门高性能计算机应用的主要发展方向。为了打好 MPP 在气象领域应用的基础,本着科研开发先行的原则,在气象事业发展规划(1996—2010 年)中超前把"加强在并行计算机系统环境下的并行计算方法、数据管理和系统管理等技术的开发研究""以大规模并行计算机为基础的下一代数值预报预测、资料同化分析及产品应用业务系统的开发研究"等研究项目作为中国气象局 20 世纪 90 年代中后期科研开发的重点领域。中国气象局组织开展了数值预报并行计算技术的开发和业务应用。经过工程建设和科研开发,构成了由国产曙光 1000A 并行计算机(每秒 32 亿次浮点运算)、YH3 并行计算机(每秒 180 亿次浮点运算)和引进的 IBM SP 并行计算机(每秒 720 亿次浮点运算)等所组成的国内最大的多机型异构并行计算环境。在此环境下开发了为建立并行数值预报业务系统必需的一整套并行计算技术,包括并行同化分析系统、并行全球动力模式、并行有限区预报模式和中尺度预报模式。自主开发了采用奇异向量法的集合预报并行计算系统,并在国产高性能计算机上实现了准业务运行,其集合度水平与国际先进气象机构相当。

2004 年 9 月,作为国家"九五"大中型建设项目《短期气候预测业务系统工程建设》的重点建设内容之一,中国气象局从 IBM 公司引进了 IBM Cluster 1600 高性能计算机系统,该系统共有 3200 个 CPU,其中 3152 个 CPU 用于计算,整体峰值计算能力高达21.5TFLOPS,内存总容量为 8224GB,磁盘总容量为 30TB,当时居全球高性能计算机排名第六位。该系统具有高效的数据存储管理能力、强大的信息与作业吞吐能力和先进的并行作业管理能力,是目前国家级各类天气、环境数值预报和气候预测业务的首要运行载体,同时也是气候变化研究、各种数值模式研发与改进等多项科研任务的主要计算平台。多尺度和时空分辨率更高的 T639L31 新一代数值预报系统在该系统上运行以来,先后为汶川大地震抗震救灾和北京奥运会提供了全程、连续、滚动、精细化的特殊天气预报服务。该系统作为中国气象局的重大基础设施,对于大幅提升我国的气象信息系统、天气预报系统和气候预测系统的现代化水平作用巨大。

2. 区域和省级高性能计算机系统建设

根据全国气象事业发展设想,自 2000 年以来,区域和省级气象部门也根据业务发展需要和实际情况,先后进行了高性能计算机系统建设。到目前为止,全国共有 29 个省、市、自治区、计划单列市的气象部门共装备有 32 套高性能计算机系统。全国 7 个区域气象中心全部配有高性能计算机系统。区域气象中心和省级气象部门分别装备有银河Ⅲ、曙光 3000、IBM SP、曙光 TC1700、华云神箭、SGI Origin2000、SGI Origin 300、SGI Altix 3000、探索 108、YH-CS16、IBM P690、神威新世纪－32P、曙光 4000A 、IBM cluster1600 等系统,系统峰值性能从 10 亿次/秒到 9.8 万亿次/秒浮点运算不等。在现有装备的高性能计算机系统中,性能在 10GFLOPS(每秒 100 亿次浮点运算)以下的有 2 套,10～100GFLOPS(每秒 100～1000 亿次浮点运算)的有 10 套,100GFLOPS～1TFLOPS(每秒 1000～1 万亿次浮点运算)的有 14 套,1TFLOPS(每秒 1 万亿次浮点运算)以上的有 6 套。

在目前的区域气象中心和各省级高性能计算机业务系统中,除了少数区域气象中心开发运行了台风、暴雨和快速循环等模式外,其他大部分运行的都是 MM5 和 GRAPES 等准业务区域模式。这些系统在省级气象业务的发展中已经发挥了较好的作用。

为满足国庆 60 周年庆典气象保障服务以及全球气候变化的评估分析工作的需求,2009 年,中国气象局安装了计算能力达每秒 15.75 万亿次的国产神威高性能计算机。GRAPES 快速同化分析系统和 GRAPES 云模式系统成功移植到神威高性能计算机上,有效地提高了模式运行速度,使数值预报系统的同化周期由 3 小时缩短为 1 小时,为国庆 60 周年气象预报服务提供更加精细化的强对流天气潜势预报、降水、气温、风速等气象要素预报,以及低云分布和云水结构等数值预报产品,为国庆期间的庆典和低空飞行活动的气象服务提供了有效的技术手段和参考产品。

为了提高我国气候变化的预测能力,建设我国的气候系统模式,使我国模式的预测水平达到发达国家模式的平均水平,将我国未来 50 年的气候变化预测时效提高一倍、气候变化预测集合能力提高一倍。

高性能计算机系统性能不断提升,国家级高性能计算机峰值运算能力已经达到每秒 1360.7 万亿次(其中 289 万亿次高性能计算机安装在华南区域中心,远程使用)。区域中心高性能计算机峰值运算能力从每秒 25 万亿次提高到 500 万亿次,其余各省高性能计算机和高性能服务器的运算能力在每秒 0.04～100 万亿次不等。

1.3　气象信息系统现状概述

本节内容包括目前气象信息系统的核心构成、各级气象信息部门的业务布局与分工,以及气象信息系统的结构。

1.3.1　气象信息系统的组成

目前气象行业内的气象信息系统主要由通信系统、网络系统、计算环境、数据管理与服务等部分组成,如不加说明,本书中的"气象信息系统"主要指该范围内的信息系统。

气象通信系统是气象信息系统的重要组成部分之一,从业务覆盖面上可分为国际气象通信系统、国内气象通信系统和同城用户服务系统等;从通信方式上又可分为地面宽带通信、卫星双向和单向广播通信、手机移动数据通信和短波数据传输通信等。气象通信系统主要承担着对各类观测资料、预报预测和服务产品等的收集与分发,对世界气象组织亚洲区域气象通信枢纽相关业务进行实时监控等功能。

气象网络系统主要包括世界气象组织全球电信系统(WMO GTS)、覆盖全国的气象广域网、各级气象部门的计算机局域网、Internet 接入网、电子政务外网接入网、与外部门的信息交换网以及网络综合应用系统(如电视会商系统、办公自动化系统)等,其主要功能是为气象信息的收集、分发与共享提供高效、安全的数据传输途径和能力,为基于网络综合应用系统和计算资源的共享提供有效、安全的支撑,并承担自身的监控功能。

计算环境由一组计算机、软件平台和相互联通的网络组成,这个环境能够处理和交换数字信息,允许外界访问其内部信息资源。气象计算环境主要是指为数值天气预报、气候预测与预估等业务和研究所提供的高性能计算资,包括高性能计算机系统、计算语言编译软件和计算支持数学库、并行计算支撑软件、业务协同开发支撑和业务调度资源管理等系统。计算环境的功能是为数值模式计算提供强大、易用、稳定、可靠和可管理的计算资源。

数据管理是利用计算机硬件和软件技术对数据进行有效的收集、存储、处理和应用的过程。其目的在于规范、安全、有效地管理数据,充分发挥数据的作用。实现数据有效管理的关键是数据的组织。随着计算机技术的发展,数据管理经历了人工管理、文件系统、数据库系统三个发展阶段。在商用数据库系统中所建立的数据结构,充分地描述了数据间的内在联系,便于数据修改、更新与扩充,同时保证了数据的独立性、可靠性、安全性与完整性,减少了数据冗余,提高了数据共享程度及数据管理效率。

气象信息服务主要是指将预报、预测以及观测等信息进行再组织、评价、选择与再加工,并使之有序化,成为用户易于理解、方便利用和有价值的信息,并通过多种信息服务方式将信息传递给需要服务的用户。

1.3.2　气象信息业务布局

与气象业务布局类似,气象信息业务同样按照国家级、省级、地市和县等四级层次布局。

国家级气象信息系统主要由通信网络子系统(包含国际通信系统、国内通信系统、同城用户服务系统、全国气象主干网、骨干局域网系统、互联网接入系统等)、高性能计算机子系统、数据管理子系统(海量存储子系统)和业务监控子系统等几部分构成。其逻辑结构如图 1-3 所示。

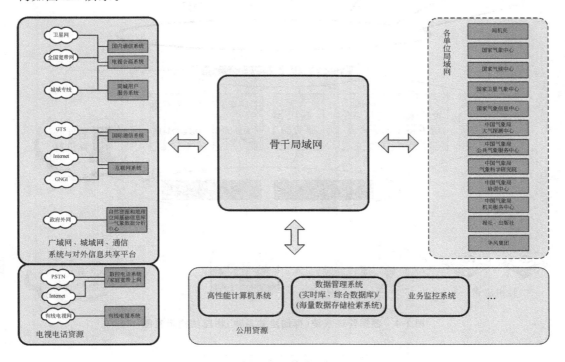

图 1-3　国家级信息系统逻辑结构示意图

　　国家级气象信息系统在结构上将公共资源有效集中,为公用资源集约、高效、可共享提供了保障;骨干局域网在公用资源与用户(各单位局域网)、广域网资源与用户、广域网资源与公用资源的业务系统之间建立了高效、高可靠的通路,同时又将它们彼此逻辑分离,既保证实现信息交换与资源共享的需求,同时又使整体可控制并易于维护。

　　数据管理系统的物理结构示意如图 1-4 所示;目前国家级的数据管理系统由实时数据库、综合数据库和对外共享数据库组成,逻辑结构如图 1-5 所示;实时数据库针对业务系统提供服务,保存资料的范围、时段相对固定;综合数据库管理所有气象资料,对各类用户提供服务;对外共享数据库面对社会提供数据服务;数据管理系统的信息流程如图 1-6 所示。

　　省级气象信息系统主要由通信网络子系统(包含通信系统、同城用户服务系统、省内气象广域网、局域网系统、互联网接入系统等)、高性能计算机子系统、数据管理子系统和业务监控子系统等几部分构成。其逻辑结构如图 1-7 所示。以北京市气象局和广东省气象局 2007 年的网络总体结构(如图 1-8 和图 1-9 所示)为例,可以看出省级气象信息系统的一般构成。

　　地市级气象信息系统主要由通信网络子系统(包含通信系统、局域网系统、互联网接

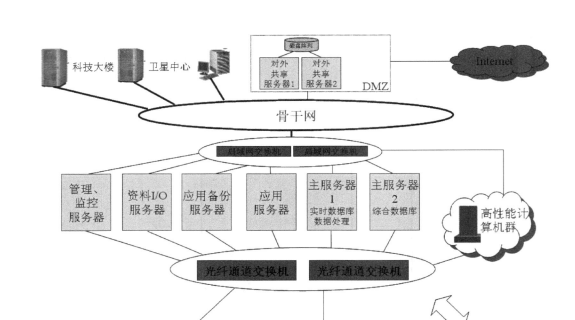

图 1-4 数据管理系统(存储检索系统)物理结构示意图

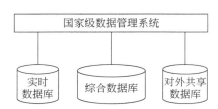

图 1-5 数据管理系统逻辑结构示意图

入系统等)、数据管理子系统(数据共享)和业务监控子系统等几部分构成,其逻辑结构如图 1-10 所示。县级气象信息系统主要由通信网络子系统(包含通信终端系统、局域网系统等)构成,其逻辑结构如图 1-11 所示。

CIMISS 即全国综合气象信息共享平台(China Integrated Meteorological Information Service System),是依托国家发改委批复的"新一代天气雷达信息共享平台"项目,在国家级和 31 个省中心建成,集数据收集与分发、质量控制与产品生成、存储管理、共享服务、业务监控于一体的气象信息共享业务系统。本着"统一数据来源、统一数据标准、统一数据流程、统一数据服务"的原则,从气象数据全业务流程角度,CIMISS 初步建立了气象数据标准化框架,规范了各类数据命名、格式和算法,定义了国、省一致的气象数据存储结构和数据服务接口,实现了国省数据同步和实时历史数据一体化管理。

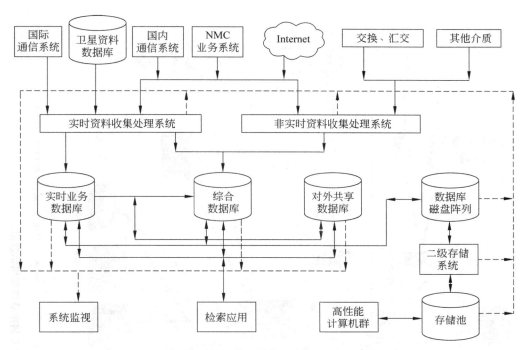

图 1-6　数据管理系统信息流程示意图

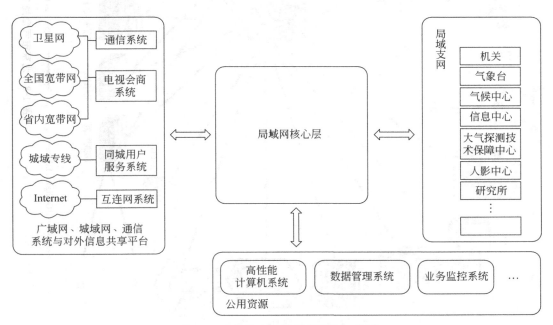

图 1-7　省级信息系统逻辑结构示意图

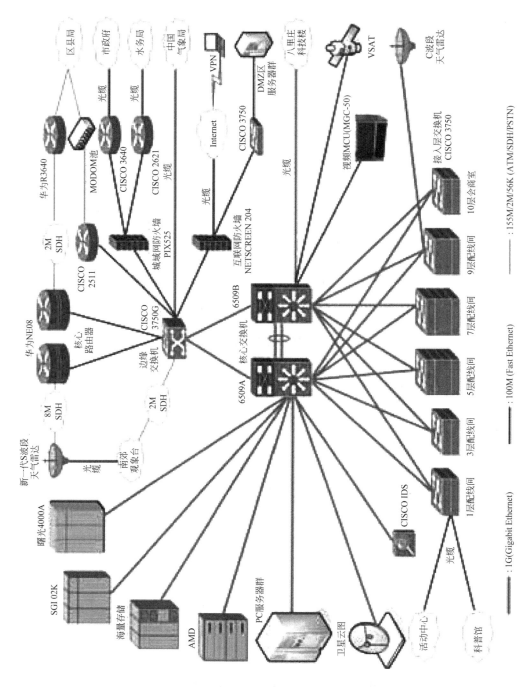

图 1-8 北京市气象局 2007 年网络总体结构示意图

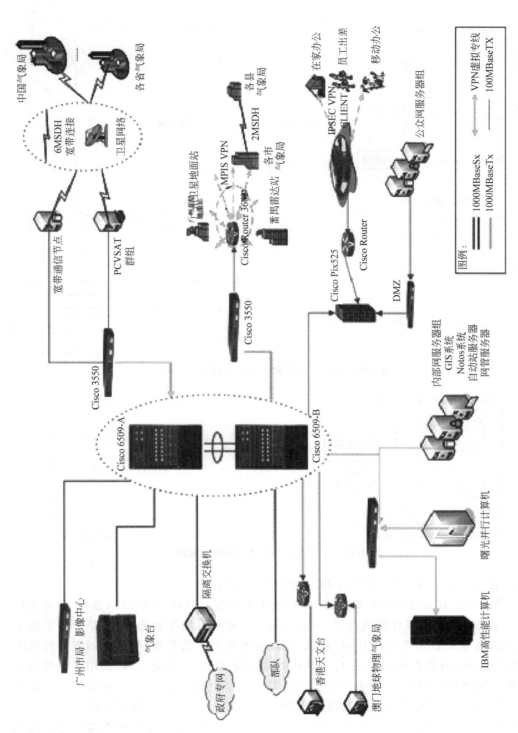

图 1-9 广东省气象局 2007 年网络结构示意图

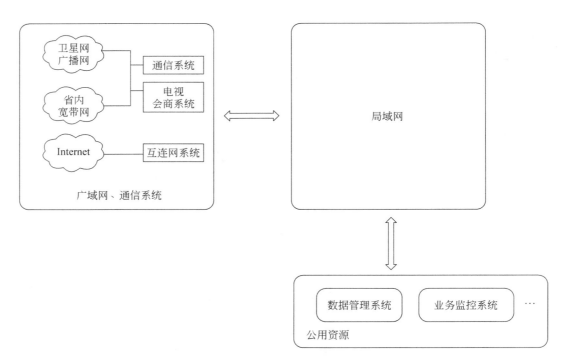

图 1-10 地(市)级信息系统逻辑结构示意图

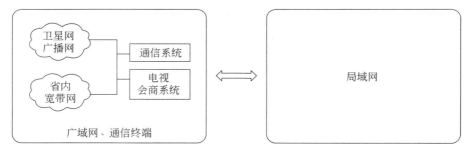

图 1-11 县级信息系统逻辑结构示意图

全国综合气象信息共享平台总体结构示意如图 1-12 所示。

CIMISS 由数据收集与分发、数据加工处理、数据存储管理、数据共享服务、业务监控共 5 个业务应用系统及计算机存储、网络与安全等基础设施平台组成。CIMISS 实现了对约 263 种基础数据资源、CIPAS 数据资源、灾害数据等的管理,形成了国省一致的实时、历史长序列数据在线服务能力。CIMISS 通过标准统一、功能丰富、调用高效的气象数据统一服务接口(MUSIC,Meteorological Unified Service Interface Community),以及信息丰富、技术支持便捷的接口发布网站为各级业务应用系统提供数据服务。

CIMISS 由 1 个国家中心和 31 个省级中心组成,所有中心通过全国气象业务网联结成一个物理分布和逻辑统一的信息共享平台。CIMISS 实现了气象数据的国省两级大集中,初步形成两级布局、四级应用数据业务技术体制,省级 CIMISS 直接支撑省、市、县三

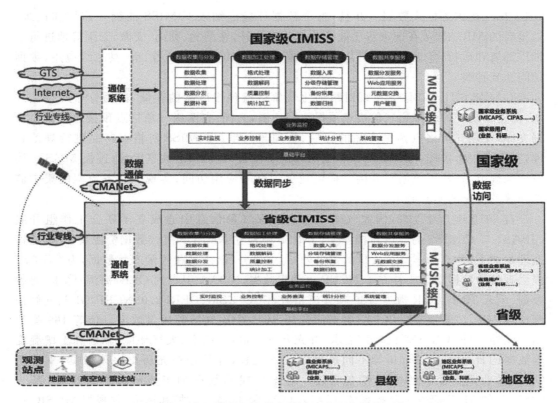

图 1-12　全国综合气象信息共享平台总体结构示意图

级的业务应用。

CIMISS 对国内外及行业交换气象观测数据和业务产品进行收集并按需分发,对气象数据进行解码、质量控制和产品加工处理,随后使用数据库技术对实时和历史数据进行一体化入库管理,并通过数据统一服务接口为个人用户和业务系统用户提供数据调取服务。业务应用、气象数据及系统资源的监控信息统一发送至业务监控系统进行实时监控。

在气象信息化进程中,CIMISS 建立了国省统一数据环境,是气象业务、服务、管理的核心基础数据支撑平台,是气象信息化数据统一标准的基础,直接支撑天气、气候、公共服务和综合观测业务应用。《气象信息化行动方案(2015—2016 年)》提出的数据资源整合集约、业务体系扁平化目标将以 CIMISS 为核心实现,气象应用生态将以 CIMISS 作为统一信息源。同时,CIMISS 为实现气象大数据在国省、省际流动并创造价值奠定了基础。

自 2014 年 8 月以来,国家气象中心和国家气象信息中心成立联合工作组开展 MICAPS4 与 CIMISS 的应用对接。建立了基于分布式数据存储技术的 CIMISS-MICAPS4 数据环境,解决了数据读取效率和资料服务时效等关键技术问题,为 MICAPS4 客户端提供毫秒级的数据访问。实现了核心资料的接入,包括地面、高空、闪电、雷达基数据、雷达 PUP 产品、FY2E/2G 卫星数据以及 EC、日本、NCEP、T639、

GRAPES、德国等模式数据。并且,整个数据环境已纳入 CIMISS 的统一监控和运维。对接后的 MICAPS4 在国家级已业务化运行。此外,在湖北、湖南、安徽、云南等地进行了推广部署和运行,实现了数据环境省级部署,支撑 MICAPS4 在省、市、县三级应用,数据访问达到秒级。

2016 年 6 月,CIMISS 实现对精细化气象格点预报产品的存储,采用分布式存储技术,构建了统一的精细化气象格点预报数据环境,为国、省两级气象格点预报业务提供数据支撑,实现气象格点预报产品的存储、管理与共享。CIMISS 对格点产品进行规范管理,实现了定时拼接、滚动更新数据上的云同步流程,提供云上共享服务;遵循 MUSIC 接口标准规范,开发了数据服务接口提供业务内网等应用访问;实现了业务流程的集中监控和服务情况的实时展示。

自 2015 年 2 月以来,国家气候中心和国家气象信息中心成立了联合工作组开展 CIPAS2 与 CIMISS 的应用对接:在 CIMISS 中建立 NetCDF 气候数据资源文件库,通过梳理与加工,补充和丰富了大量的国内外站点、再分析、模式和气候产品数据,为 CIPAS2 提供直接的数据支撑。补充了 NCEP 再分析数据、NOAA 卫星的 OLR/海温/降水/海冰数据、风云 3B 的 OLR 数据、130 项环流指数、BCC_CSM、DERF2.0、NCEP GFS、气候预测检验产品、塔希提和达尔文站海平面气压 SLP、中国气溶胶质量浓度日值等 169 类数据。此外,根据 CIPAS2 的应用需求,补充开发了地面、高空、大气环境、辐射和土壤湿度等数据的日、候、月、季、年等不同尺度的统计流程,并整理补充历史序列数据,支撑了 CIPAS2 业务验证版的内部发布运行。对于扩建的数据加工流程和数据环境,基于 CIMISS 的 MCP 研发了监控系统,已纳入 CIMISS 的统一监控和运维,并根据 MUSIC 接口规范,开发了服务接口,提供其他业务系统访问。

按照《气象信息化行动方案(2015—2016 年)》的工作要求,对内建立统一的国家气象业务内网,构建气象部门内部业务产品服务和业务管理的统一门户,基于 CIMISS 汇聚包括探测业务、气候业务、天气业务等各类产品,种类超过 2300 种,专栏超过 150 个,累计在线数据资源超过 30TB。2016 年,内网访问用户数量为 12035 人,比去年增长 18.6%,访问量为 830 万次,比前年增长 590%,数据服务量为 38TB,有效提升了业务应用效果和支撑质量。此外,以建立面向民生的统一公共气象数据服务平台为目标,加快推进中国气象数据网的建设。2015 年,中国气象局令(27 号)公布《气象信息服务管理办法》,发布《基本气象资料和产品开放清单》,基于中国气象数据网向全社会提供 5 大类 17 小类 1100 种气象数据产品服务,上线一年以来,累计注册用户数超过 16 万,新增注册用户数近 5 万,同比增长 150%。据用户的反馈,上线一年以来,服务领域涉及 18 个主要行业,累计为企业节省开支近百万元,产生经济效益超过 1 亿元,占全部新增效益的 17%。中国气象数据网建设成果入选"十二五"全国科技创新成果展,有效促进了各行业共同挖掘气象数据的应用价值。

CIMISS 数据环境已实现与 31 省约 114 个主要业务应用系统的直接对接支撑。县级综合观测业务集成平台(MOPS)所需地面、高空、辐射、大气成分等气象数据 100% 通过 MUSIC 从 CIMISS 中获取,并基于 CIMISS 统一数据环境和访问接口在全国进行无障碍推广应用。在 G20 峰会保障工作中,人工影响天气指挥系统数小时内实现和浙江

CIMISS 应用的对接,发挥了重要的支撑作用。湖北省长江流域气象服务综合业务平台实现与 CIMISS 对接,获取长江流域国家站、区域站地面观测数据及长江流域雷达拼图组网产品及卫星数据。重庆气象信息共享平台通过改版,从 CIMISS 获取观测资料、统计数据和气象产品,实现在共享平台的检索、展示、统计和产品浏览、动画,在重庆市局和35 个区县得到了应用。贵州、广西依照 CIMISS 统一数据标准,实现将山洪地质灾害风险预警产品、三维闪电定位产品等本地特色自有数据实时写入 CIMISS,并开发相应接口基于 MUSIC 提供服务。此外,陕西省决策支撑系统、内蒙古气象旗县级综合业务平台、湖南县级综合气象业务平台等多个省级核心业务应用实现和 CIMISS 对接。

CIMISS 实现了省际共享和异地应急备份功能。CIMISS 数据环境在国家级管理数据的全集,每个省级中心存储本省及周边的数据,在基础观测资料种类上基本相同。当一个省级中心的 CIMISS 出现故障时,可通过在 MUSIC 上配置策略,将本地数据请求切换到备份的省份或国家级进行数据应急服务。应急备份根据故障范围,提供整体切换和按资料精细化切换两种方式。

CMISS 首次统一国省数据环境,数据整合集约。CIMISS 实现了气象数据的整合集约,国省首次建立了统一的数据环境,从根本上解决了困扰业务系统多年的数据支撑环境分散建设、数据重复存储、国省及业务系统间数据不一致、数据权威性无法保证的问题。

初步形成两级布局、四级应用数据业务技术体制。CIMISS 实现了气象数据的国省两级大集中,省级 CIMISS 平台具备支撑市、县级业务系统的能力,同时可实现数据的单点(省级)更新,全省受益,实现台站业务系统"零"维护,促进业务系统扁平化、业务数据流程简约化。

实现数据资源标准的统一,确保数据权威一致。CIMISS 研制了 6 大类 33 项标准规范,其中 11 项是气象数据资源标准,统一了基础数据标准、数据加工处理算法和数据服务接口标准,解决现有业务系统中因数据标准自成体系不兼容而导致的业务应用推广困难等问题。实现了实时资料与历史资料标准、管理和服务的统一,解决了以往实时、历史资料业务流程分离,数据标准不一致的问题。

建立数据统一服务接口,实现数据系统与业务应用相耦合。CIMISS 建立了标准稳定的数据服务接口 MUSIC,通过接口屏蔽数据系统,实现应用与数据系统相耦合,未来技术系统升级、数据格式变化等对业务应用系统"零"影响,大大提高天气、气候、科研等业务系统的稳定性和可持续性。

CIMISS 业务化标志着支撑气象核心业务系统的数据生态初步形成。以此为基础,应用云计算、大数据、物联网、移动互联等技术,依托"专有+公共"的混合云架构实施技术升级,构建具备数据融合汇集、一体化加工处理、分布式存储管理、标准化接口服务和统一运维监控能力的开放互联的气象大数据平台,为观测智能、预报精准、服务开放、管理科学的智慧气象发展提供有力支撑,是 CIMISS 下一步发展的方向和目标。

第 2 章

chapter 2

气象要素预报

气象要素预报的内容很多,主要包括风、气温、雾、云和降水等气象要素的预报。本章在分析几种主要的气象要素形成的宏观条件基础上,简要地介绍依据不同的气象要素所运用的不同的预报方法。

2.1 大气的基本要素

2.1.1 温度

温度是表示大气冷热程度的物理量,反映一定条件下空气分子的平均动能大小,通常指距地面 1.5m 高处的百叶箱中的空气温度。

常用的单位有摄氏度(℃)温标、绝对温标(K)、华氏温标(℉),水的沸点为 212℉。常用的温度有露点温度、日最高温度、日最低温度等。

露点温度(dew temperature)指空气在水汽含量和气压都不改变的条件下,冷却到饱和时的温度,即空气中的水蒸气变为露珠时的温度,常用 T_d 表示。当空气中水蒸气已达到饱和时,气温与露点温度相同;当水蒸气未达到饱和时,气温一定高于露点温度。所以露点温度与气温的差值可以表示空气中的水蒸气距离饱和的程度,在预报降水时常用露点温度表示。

日最高温度指一天内大气温度的最高值(T_{max}),在晴朗无云、微风、没有温度平流的条件下近地面空气的日最高温度出现在太阳高度角最大之后的 1~2 小时,即通常出现在 14 时,常用最高温度表测量得到。

日最低温度指一天内大气温度的最低值(T_{min}),通常出现在清晨日出前后,用最低温度表测量得到。

基本的单位换算如下。

$$℃ = \frac{5}{9}(℉ - 32) \tag{2-1}$$

$$K = ℃ + 273.15 \tag{2-2}$$

$$℉ = \frac{9}{5}℃ + 32 \tag{2-3}$$

2.1.2　气压

气压是指单位面积上所承受的整个空气柱的质量——大气的压强。实质是气压的大小决定于整个空气柱质量的多少。

标准大气压是指在纬度为 45°的海平面上,温度为 0℃时,所测得的水银柱柱高为 760mm 的大气压强,为一个标准大气压(1atm＝1013.25hPa)。

常用单位:一般用 hPa(百帕)来表示。

转换关系式如下。

1Pa＝1N/m²。

1mb＝100Pa＝1hPa(百帕)。

1atm＝101325Pa＝1013.25mb＝760mmHg。

由于大气层的厚度随高度的增高而变薄,空气密度也随高度的增高而迅速减小。所以,气压随高度的增高而急剧减小。标准大气中气压与高度的对应见表 2-1。

表 2-1　标准大气中气压与高度的对应值

气压/hPa	1013.3	845.4	700.8	504.7	410.4	307.1	193.1	102.8
高度/m	0	1500	3000	5500	7000	9000	12 000	16 000

2.1.3　湿度

大气中含有的水汽量的多少及其发生的相对变化对大气现象的影响很大。表征大气含量的一个重要参数就是湿度。湿度参量见表 2-2。

表 2-2　湿度参量

名　称	惯用符号	单　位	测量方法	应　用
混合比比湿	r	g/g,g/kg	绝对法(称重法)	因在气块无相变的绝热过程中保持敞亮,故用于理论计算
	q			
水汽密度	ρ_v	g/m³ kg/m³	绝对法(称重法)	表示水汽绝对含量,用于理论计算
露点	T_d	℃	露点仪	预报露、霜、云和雾等现象是否出现
霜点	T_f	℃		
相对湿度	U_i,U_w	%	通风干湿表和毛发湿度计	表示空气接近饱和状态的程度,也可用来推算其他湿度参量

相对湿度(RH)表示空气中的实有水汽压(e)与同温度下饱和水汽压(E)的百分比,即 $f＝e/E×100\%$,湿空气的绝对湿度与相同温度下可能达到的最大绝对湿度之比,也可表示为湿空气中水蒸气分压力与相同温度下水的饱和压力之比。相对湿度(RH)直接反映了空气中的水汽压距离饱和的程度。RH 越大,越接近饱和,当 RH＝100% 时,空气中的水汽压就达到饱和状态,此时水汽就要开始凝结。

上述各种表示湿度的物理量：水汽压、比湿、水汽混合比、露点基本上均表示空气中水汽含量的多少。

而相对湿度、饱和差、温度露点差则表示空气距离饱和的程度。

2.1.4　风

风是一个表示气流运动的物理量，空气的水平运动称为风。风不仅有数值的大小（风速），还具有方向（风向），因此风是向量（矢量）。风向是指风的来向，地面风向用16方位表示；在16方位中，每相邻方位间的角差为22.5°。地面风向表示方法如图2-1所示。

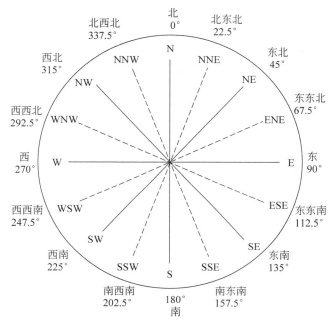

图 2-1　地面风向表示方法

高空风向常用方位度数表示，即以0°（或360°）表示正北，90°表示正东，180°表示正南，270°表示正西。风速单位常用m/s、knot（海里/小时，又称节）和km/h表示，其换算关系如下：

1m/s＝3.6km/h；1knot＝1.852km/h。

1km/h＝0.28m/s；1knot＝1/2m/s。

在地面天气图中，用下列图示表示风。风尾长划风速为4m/s，即风力为2级；短划风速为2m/s，即风力为1级。一个风旗，表示风力为8级。风尾和风旗均放在风杆的左侧。具体示例如图2-2所示。

图 2-2　地面天气图中风的表示

2.2　气象要素预报

2.2.1　降水预报

降水预报是公众最关心但目前尚未解决好的预报对象之一。

1. 暴雨预报

卫星云图中有色调且很白的密敝云区中掺杂着对流层亮点,外围卷云层区有向外辐射的卷云羽,它表明低空辐射和高空辐射,上升运动强,并形成暴雨中尺度系统,有利于暴雨的产生。

低空水汽通量辐射区大,约比暴雨区大 10 倍。

相应的天气尺度系统中高空冷平流层和底层暖平流有利于不稳定层结发展和维持。天气系统中风的垂直切变较弱。切变过大时有利于强风暴发展。

2. 降雪或冻雨预报

若云中温度和云底以下温度低于 0℃,则将降雪。

若云体内下半部温度高于 0℃,而云底以下温度低于 0℃,则可能降雨。

3. 冰雹预报

雷达回波云顶高度在每年的 5 月和 6 月可高达 13km 以上,明显高于同期普通雷雨的云顶高度。0℃层在 4km 左右,−20℃层约在 400hPa,其间厚度不大。

4. 雨凇预报

造成雨凇大范围环流形式的主要特征是:冬季亚洲西部中纬度 500Pa 为横槽,槽南西风较强,西风带多小波动,小槽东移使冷空气分股南下。同时,南支西风带孟加拉湾地槽较深,槽前西南气流强盛。北方冷空气与南方暖空气的交绥区自华西向南推移,并形成中空暖湿空气在低空冷空气垫上滑行的有利条件。雨凇形成的基本条件是:降水云体中在 850hPa 及其以下有过冷却雨层,700hPa 附近有暖的融化层,而 500hPa 附近为冰晶层。其中高空冰晶层在冬季经常出现。较难发现的是低空冷层与中空融化层的配置。

我国易形成雨凇的地形背景是西高东低,特别是北、西、南三面环山,而向东敞口的是盆地。因这种地形有利于冷空气从东侧低层进入盆地构成冷气垫,而暖空气从西南部上空移过。

2.2.2　云雾预报

云的预报包括云量、云状、云底高度、云厚及其生消时间的预报,一般都在天气形势预报的基础上,根据影响系统及其影响部位判断。较常见的雾是辐射雾和平流雾。当地各种雾的具体预报指标需要自行统计归纳,作为二次开发产品应用于日常预报业务中。

- 辐射雾:一般要求冬季夜间天空晴朗,平均总云量少,风速小(如小于 3m/s),傍晚相对湿度大(如大于 75%),由夜间辐射降温导致地面气层水汽凝结成雾。
- 平流雾:形成在暖湿空气平流到较冷的下垫面的情况下。可根据本地气温与移来的影响系统内的气温之差值、影响系统内空气的温度露点差以及移动气团内风速等因子进行统计归纳以获得具体预报指标。

2.2.3　温度及相关气象预报

1. 最低气温预报

平流变化:先把即将移来的气团最低气温作为初步的预报值,再进行修正。

辐射影响:它取决于云量和风。若少云、静风,则冬季辐射降温明显。

气团变性:可依据地表温度与气温之差推算。例如,冷空气向南移 1°纬度,通常可升温 1℃。

2. 最高气温预报

一般在当天最高温度的基础上考虑平流影响和辐射影响,进行两项订正。

未来预报日(一般为次日)的云、天气和风的影响。晴天无风温度升高,反之下降。

平流变化:根据上游测站最高气温与本站的差值估计。

3. 霜冻预报

我国一般把地表温度低于或等于 0℃作为霜冻标准。通常以最低气温的预报加上夜间不同天气条件下地表最低温度与最低气温的差值进行预报。以上预报修正的具体数值均需根据当地资料进行统计归纳,作为二次开发产品加以使用。

2.2.4　风的预报

在预报实践中,对于风力甚至大风风力的预报,通常是在考虑了地转风和梯度风原理,估算出预报的近似值,而后再考虑具体的气压场,即本地处于气压系统的什么部位,等压线密集程度如何(气压梯度)。同时,应注意考虑下垫面摩擦作用,一般风向偏向等压线的低压一侧 30°~45°,实际风速约为地转风速的 1/2。

2.2.5　其他天气预报简介

1. 短期临近天气预报简介

短时预报是未来 0~12h 以内的天气预报,临近预报指当时的天气监测和未来 0~2h 的外推预报。短期天气预报(short-range weather forecasting)是预测未来 3 天内的天气及其变化趋势。预报内容包括晴雨状况、雨量、气温、风向、风速等。由于预报时限的增加,需要考虑系统的发展变化,预报不能仅靠线性外推,还需依赖于其他预报技术。短时预报的内容,既有中小尺度天气的时空分布预报,也包括详细提供降水、温度、湿度、风、云和能见度等具体预报,以便尽可能满足军事气象保障和各类经济部门的特殊气象服务要求。但它的预报对象重点还是中小尺度灾害天气,因而它与制作一般的短期天气预报相比,对观测处理和传递天气情报等有完全不同的新要求。

2. 中期天气预报简介

中期天气预报时效的长短视需要而定,中国气象台站发布的中期预报时效为未来4~10 天。一般发布降水量、气温和降水过程预报。制作中期天气预报,首先要掌握天气气候特点,分析天气气候背景和近期天气变化实况;其次,需要分析和了解各种数值模式预报的北半球范围内大尺度环流形势的演变和经纬向环流的发展趋势、环流有无明显转折、南北两支系统的相互影响、峰区、急流和副高等大型环流的演变特点等,同时,还要分析 850hPa 温度场和地面气压场的分布特点;然后再参考其他图标和客观要素预报,结合预报经验,最后综合分析判断,确定未来主要天气过程的开始、持续、结束及天气特点的天气趋势预报,重点是中期时段内有无灾害性天气过程。

3. 长期天气预报简介

长期天气预报(long－range weather forecasting)是指未来一个月以上的预报。预报项目主要是月平均气温距平和月降水量距平以及月平均环流形势;有时也进行台风、梅雨、寒露风等预报。根据预报时效,又可分为月预报、季度预报及年度预报。预报方法可分三大类,即天气气候学方法、数理统计方法及流体动力学方法。长期天气预报的准确率比短期天气预报要差一些。但由于长期天气预报对人类的生活和生产(特别是农业生产)关系极为密切,故已引起广泛关注。长期天气预报是以大气过程在比较长时间内发展的客观规律为依据的,目前多为应用大气韵律活动规律,采用气象要素历史演变相关统计、环流指数变化等方法制作长期天气预报。

第3章

气象资料

气象资料是气象信息的主要组成部分之一,是气象业务的基础资料,是国家的重要信息资源。实现气象资料的科学有序管理与共享服务是气象信息系统的基本要求,也是基本职责。本章对气象资料的概念、加工处理技术、业务与规范、管理与服务等进行概要描述。

3.1 气象资料概述

3.1.1 气象资料的定义

气象资料专指通过一切可能的观测、探测、遥测手段收集到的或加工处理得到的、来自地球大气圈及其他相邻圈层的、与大气状态变化规律有关的信息元素或数值分析结果。气象资料是气象业务科研工作者据以分析、判断大气活动和变化特征的依据材料。只有在得到大量气象资料的基础上,才能对大气活动和变化特征获得比较全面和准确的认识。

气象资料的表现形式既可以是数值或字母符号,也可以是文字、图像、影视等。气象资料需要一定的载体才能进行传输和保存,其载体可分为两类:一类是以能源和介质为特征,运用声波、光波、电波传递信息元素的无形载体;另一类是以实物形态记录为特征,运用纸张、胶卷、胶片、磁带、磁盘传递和贮存信息元素的有形载体。

气象资料的采集和应用是人类认识自然的重要手段,是大气科学的基础。没有关于大气状况准确、及时、连续的资料,就谈不上对灾害性天气变化规律的科学掌握,更谈不上预测预报、趋利避害、为人类造福。

3.1.2 气象资料的种类

1. 按气候圈层划分

按照气候圈划分,主要分为三个部分:大气资料、海洋资料、陆面资料。

2. 按观测体系划分

从观测的角度,气象资料可以划分为地基观测气象资料、空基探测气象资料和天基探测气象资料。

3. 按时效划分

时效性是气象资料的基本特性之一。时效指从采集、传输、分发到进入利用的时间间隔及其效率。按照气象信息系统中资料应用的时效性,气象资料可分为实时气象资料和历史气象资料两大类。

3.1.3　气象资料的属性

由于气象要素都存在时间上的脉动变化和空间的结构差异,气象资料应具有代表性、准确性和比较性。

代表性指气象资料不仅要反映所表述的四维空间上的某一点的状况,而且要反映该点周围一定范围内的平均状况。因此,观测地点的选取必须注意周围的环境。

准确性指气象资料要真实地反映实际状况。气象资料的准确性主要依赖于采集资料所用仪器的测量准确度,即测量值与真实值(真值)接近的程度。

比较性指气象资料在不同空间点、同一时间点的值,或同一空间点、不同时间点的值能够进行比较,从而能分别表示出气象要素的地区分布特征和随时间变化的特点。为使气象资料具有比较性,就必须要求气象资料在采集时间、仪器、采集方法和数据处理等方面保持高度统一。

3.2　气象资料处理技术

气象资料业务的每个环节都需要相应的关键技术支持,数据编码和数据压缩技术主要用于数据传输过程,质量控制、均一性检验与订正技术是气象数据产品加工的基础,资料融合(同化)和格点化技术是两种重要的数据产品加工方法,可视化技术是重要的数据分析方法。

3.2.1　数据编码

为了便于数据交换和使用,各种气象观(探)测资料和预报产品均按照世界气象组织(WMO)规定的编码格式在通信线路和网络上传输。气象观测资料最早的编码格式是字符编码(TAC),字符编码是按照一定的格式,以字符形式表示气象资料和产品,可以由人工阅读和解码。例如,目前仍在使用的全球地面观测和高空探测资料的报文传输码就属于这一类编码。字符编码适应早期传输电路速率低、只能以电报形式传输的条件。字符编码的主要优势在于简单直观。字符编码和实际资料(或产品)间的关系直接简单,气象要素只需简单计算或查阅相关表格即可进行编码和解码,因此字符编码是人工可读、可编码和解码的,字符编码传输的是字符,因此对通信条件要求不高。

字符编码有以下弱点:格式繁多复杂、适应性差、编解码复杂。

二进制编码既能反映气象信息的全貌,又能适应高速通信线路传输和便于计算机处理,因而在气象业务中得到广泛应用。目前,二进制编码的气象数据已成为全球气象通信系统(GTS)传输的重要内容,世界气象组织也计划将在其成员国大力推进二进制的表格驱动码(TDCF)。WMO 推荐使用的表格驱动码为 BUFR、GRIB 和 CREX 码。

除了上述字符编码和表格驱动码外,我国新的气象探测系统也在陆续推出一些新的数据文件格式,这些数据多以字符明码的方式表示实际观测值,没有经过任何码值转换。目前国内自动站资料、闪电、酸雨、大气成分、生态等资料都是采用这种格式传输的。由于每一种观测资料都有自己独特的数据编排格式,不可能用一个通用的程序对其进行解译,因此这类数据格式仍然存在一些弊病。相信随着表格驱动码的逐步推广和应用,这一部分资料也会逐渐趋向于利用表格驱动码表示。

3.2.2　数据压缩

为保持信息的完整性,气象数据主要采用无损压缩数据算法进行压缩。Huffman 编码、算术编码、LZW 编码算法、RLE 编码算法、BWT 变换算法是应用比较广泛的通用无损数据压缩算法。常见的压缩软件,如 ZIP、RAR、BZIP2 等都基于以上核心算法,并辅以相关检错、纠错方法及用户友好的界面。

3.2.3　资料质量控制

世界气象组织(WMO)在一系列气象观测和研究计划中均将资料的质量控制作为资料管理的重要内容。传统的质量控制主要根据气象学、天气学、气候学原理,以气象要素的时间、空间变化规律和各要素间相互联系的规律为线索,分析气象资料是否合理。其方法包括范围检查、极值检查、内部一致性检查、空间一致性检查、气象学公式检查、统计学检查、均一性检查,这些方法被普遍应用到地面气象资料的质量控制中。随着观测自动化技术的发展,产生了大量的自动观测资料,目前,针对地面自动站观测资料发展了许多质量控制技术。

3.2.4　资料均一性检验与订正

在气候变化研究中,均一性的长序列资料是进行研究的基础,均一性的气候数据有益于真实可靠地评估历史气候趋势和变率,尤其是对于气候态和极端事件的研究非常重要;然而长序列的气候数据记录不可避免地存在由于观测仪器改变、观测方式改变、台站迁移等非气候因素造成的不连续点,这些问题制约了资料同化系统的发展和气候变化模式预报、预测和预估的准确性。气候资料序列均一性检验和订正是近代气候变化研究的基础,国内外许多专家在这方面做了许多研究工作,并已经取得了重大进展。

均一性检验的直接方法就是通过分析观测台站元数据信息及对仪器间平行比较观测结果进行统计研究,直观地判断序列产生不均一的时间及原因。在所有的均一性技术中最常用的信息来自于台站历史元数据文件。台站迁移、仪器变更、仪器故障、新的计算平均公式、台站周围的环境变化(如建筑和植被情况、新的观测者、观测次数变化以及仪器变化中的仪器比较研究)等都是评估均一性的相关信息。这些元数据可以在台站记录、气象年册、原始观测表、台站检查报告及通信以及不同的技术手册中找到。元数据包含的特殊信息和观测数据是非常相关的,并且可以提供给研究者关于不均一发生的精确时间以及造成不均一的原因。根据各国的实际情况,仪器类型改变时常采用不同仪器的平行比较观测。理想状况下是在每一个台站均进行这样的比较,以便新旧仪器之间有交替的时间序列,但实际上通常是只在有限数量的台站进行比较。平行观测比较必须持续至少一整年,这是为了评估不同仪器之间季节变率的差异,有些比较甚至延续了几十年。

台站观测资料时间序列的变化可能显示资料序列的不均一性,但也可能仅反映当地局地气候的一个突变。为了把这二者分离开,许多检验技术应用了临近台站的资料作为局地气候的显示器,把资料序列中任何显著不同于局地气候讯号的地方都假定认为是不连续点。在均一性检验工作中,直接利用临近台站的资料或利用台站资料发展一个参考序列,在许多方法中都得到应用。建立参考台站的时间序列的方法是非常重要的,与此同时,需要对站网和调整方法有充分了解,这主要是因为在通常情况下人们不能提前估计台站序列的均一性对于参考序列的作用。

3.2.5　多源资料融合与同化

气象观测站数据是较为准确的观测数据,但气象观测站数据无论是在时间还是空间上的分布都是不均匀的,这给使用者带来了诸多不便。而随着遥感观测的不断发展,卫星与雷达等遥感观测产品能够在空间上弥补气象观测站数据的不足,作为重要观测资料得到广泛应用。同时,数值模拟技术的不断改进,已经使数值模拟结果具有较高的准确性,可以弥补其他资料在时间尺度上的不足之处。但是,各种来源的数据资料都存在自身的优缺点,因此融合多种来源的观测资料是提高观测数据整体准确度的重要方法。

虽然各种融合方法都存在一定的不足,但是已经在一定程度上弥补了原有资料的诸多不足,给未来资料融合提供了宝贵的实际经验。但同时应该注意到,资料融合很可能将多源资料的误差融合到一起,导致误差放大,因此在多源资料融合前必须事先完成如下步骤:

1. 入选资料的挑选

无论是卫星反演资料还是数值模拟资料,其种类很多,但多源资料融合不是简单地挑选几种资料就可以进行的。在多源资料融合前,需要仔细分析各种资料的优缺点以及准确程度,只有优缺点互补、准确度高的资料才能作为资料融合的备选资料。

2. 融合方法的开发

如何实现各种资料的优缺点互补,关键在于融合方法的开发。目前应用较多的最佳系数法、CMAP 法、CMORPH 法,都是针对入选资料的优缺点独立开发的融合方法,具有较强的针对性。在融合其他资料时,为了更好地实现各种资料的优缺点互补,需要针对入选资料的优缺点开发各自的融合方法。

3.2.6　资料格点化

基于相关法规及安全等方面的考虑,原始资料通常不对外公布。因此,为了充分发挥这些资料的价值,满足诸多用户的需求,需要制作基于原始资料的格点化产品。目前在气象方面,格点化的主要方法是插值。

插值在气象资料处理中一直受到重视,这是因为在许多情况下都需要运用这一技术:其一,插补因灾难、战争等造成的观测缺失;其二,重建、延长代用资料;其三,把不规则测站上的记录插到网格点上或反之;其四,把粗网格上的模拟值插到细网格上。无论在天气分析和预报中,还是在气候诊断、模拟和预测中,乃至应用气候、大气环境中,都使用插值技术。

早期气候资料的插值就是利用各种插值方法对气候场的空间和时间进行插补。随着数值天气预报模式和气候模式的发展,模式对初始场的准确程度要求越来越高;另外各种作物、生态和水文等模型也需要准确度较高的格点化气象资料,因此国内外学者对如何把离散的气象台站资料通过合适的空间内插方法转变成准确度较高的格点化数据做过许多研究。国内外研究表明:由于不同气象要素的空间相关尺度和变率都不尽相同,因此在制作不同气象要素的格点化产品时,需要比较不同的插值方法的插值效果,选择合适的插值法。

3.2.7　资料可视化

气象资料(原始观测资料、统计资料和数值模拟数据)是典型的多维动态数据集,使用直观且易于理解的图表形式表达数据中内含的复杂天气系统和物理过程的空间分布和时空演变,是获取大气运动规律和气候特征的重要手段,气象资料可视化技术有效地辅助科研和业务人员进行正确的数据分析、预报服务和科学决策。

科学计算可视化的研究起源于20世纪80年代,美国威斯康星大学空间科学工程中心和NASA经过多年的努力,分别研制开发出了可视化系统Vis5D和GrADS,在大气科学、空间科学和海洋科学中广泛使用,奠定了气象资料可视化的基础。

随着计算硬件技术和网络技术的发展,微型计算机具备了专业图形工作站的图形图像处理能力,互联网改变了人们传统的信息获取方式,改变了计算机应用系统的模式,气象资料可视化的网络化已经形成不可逆转的趋势,气象资料的可视化是深化气象数据共享服务的重要手段之一,已经成为其不可或缺的功能。

1. 气象资料可视化的表现形式

大多数气象资料一般都需要采用经度、纬度、海拔高度(或者标准气压层)、时间和要素变量五维描述。气象资料复杂的特性,造就多种形式的可视化表现方法。

从本质上讲,气象数据主要包含标量和矢量两种要素,其表达方法可以划分如下:

一维表达:通常用于表达单站要素值的垂直变化或者时间变化。

二维表达:特定高度(或气压)层的二维空间水平分布(水平剖面),多位置点高度变化构成的二维空间垂直分布(垂直剖面)。

空间三维表达：描述天气系统的三维空间规则网格称为体数据。虽然多个水平、垂直剖面的空间对比分析能够展示要素场的三维空间分布,但三维标量场最直接的表达方式是提取出描述要素值三维分布的空间等值面。

风矢量场表达：表达风矢量空间分布最常用的方式有箭头、风羽和按照矢量空间变化规律追踪得到的流线方式。表达风矢量场时间演变最直接的方法是上述 3 种方式的动画。除此之外,按照风矢量时间变换规律追踪得到的空气块(质点)运动轨迹是一种更有用的矢量场动态表达方法,它不仅非常直观地展示了大气在三维空间中的运动,而且在有其他物理变量相配合的情况下,轨迹可以揭示大气中发生的物理过程。

时间动态表达：上述表达方式的时间动画可以观察天气系统和天气过程的时间动态演变。例如,要素场三维等值面的时间动画,可以直接观察该要素场三维空间分布的变化。

2. 气象资料可视化系统

用于气象信息图形图像表达的可视化系统甚多。从运行环境划分：有只能在 UNIX 操作系统下运行的,如五维数据集可视化系统(简称 Vis5D)、METView 等;也有只能在 Windows 操作系统下运行的,如 Surfer 等;也有兼容 UNIX 和 Windows 操作系统的,如 GrADS(全称为 Grid Analysis and Display System)、Micaps(全称为 Meteorological Information Comprehensive Analysis and Process System)等。从应用领域划分：有针对于整个地球科学的,如 Surfer 等,也有专门针对气象科学的,如 METView 等。从用户使用划分：有主要侧重于最终用户的,如 Vis5D 等,也有主要侧重于开发环境的,如 IDL(全称为 Interactive Data Language)、MATLAB(MATLAB 是 matrix 和 laboratory 两个词的组合,意为矩阵工厂)等。从用户群划分：有针对科学研究的,如 Vis5D 等,也有针对业务应用的,如 Micaps 等。从功能划分：有针对二维的,如 Surfer、GrADS 等,也有支持多维的,如 Vis5D 等。从气象资料种类划分：有针对观测资料的,也有针对数值模拟数据的,如 Vis5D 等。经过多年的发展,Vis5D、GrADS、Micaps、IDL 以及 MATLAB 已经成为气象资料可视化的主流平台。

3. 气象数据可视化的最新进展与趋势

各种可视化平台是不同阶段的计算机科学和气象/地球科学结合的产物,各自具备不同的功能特性,擅长处理和表现某种类型的数据,适用于传统的科研和业务工作。气象数据可视化技术源自于科研,最初阶段适用于工作站性质的单机环境,在互联网环境下逐步转换成 B/S 结构。从效果上看,GrADS 等只能生成静态图像,用户交互性较差。以 RIA 和 WebGIS 为代表的新技术有望改变这种现状。

富网络应用(Rich Internet Applications,RIA)是一种运行于传统浏览器中的应用程序,具有用户友好性、交互性、跨平台兼容性、一次加载多次使用、客户端数据缓存、高效的网络数据信息传输等特点,具备 Web 应用程序的主要特点。

使用直观的基于 XML 的 MXML 语言定义丰富的用户界面。MXML 语言和

ActionScript 开发的程序由 Flex Compiler 编译成 SWF 格式的客户端应用程序,在 Flash Player 中运行,可以无障碍地运行在各种操作系统和浏览器中。

RIA 比传统 HTML 实现的接口更加健壮、反应更加灵敏和更具有令人感兴趣的可视化特性,基于 RIA 技术开发具有交互性的气象数据可视化平台已经成为今后主要的技术方向之一。

地理信息系统(Geographical Information System,GIS)是一种采集、处理、存储、管理、分析、输出地理空间数据及其属性信息的计算机信息系统。互联网技术和 GIS 技术的结合产生了 WebGIS 技术,WebGIS 以 Web 服务的形式发布地理信息,为 Internet 用户提供基于位置的空间信息服务。

GIS 在数据可视化表现的突出特点在于其很强的空间表现能力和空间定位能力,GIS 可以实现各种不同专题数据在空间上的叠加显示,利用 GIS 的图层叠加显示功能,可以在行政区划、河流、道路、地形、卫星影像之上叠加各种气象专题数据(观测或预报气象要素、风能/太阳资源量、气象灾害指标)的空间分布,同时可以直观地查看气象专题信息和多种下垫面信息,利用其空间定位和缩放功能查看不同比例尺下的兴趣点信息。

4. 可视化技术在中国气象科学数据共享网中的应用

在全球气候变暖的背景下,水资源短缺、干旱、洪涝等自然灾害已成为影响社会发展的重要因素,水文、环境等各个领域对气象数据的需求空前旺盛。国家气象信息中心建立了气象科学数据共享服务平台,该平台利用元数据技术解决了数据发现(data discovery)和数据下载服务(data access)等关键问题,满足了共享用户的最基本需求。随着气象科学数据共享服务的不断发展和深入,气象数据的在线可视化分析已经成为气象资料服务能力提升的重要指标之一。

以新一版中国气象科学数据共享服务平台为例,该平台综合应用 RIA 和 WebGIS 技术,提供近 3 日的天气实况图和地面气候观测变化(如图 3-1 所示),以及 50 年气候序列图和基于地图的资料检索模式,直观地展示气象要素和气候资料的空间分布和时间序列,具备了良好的用户交互性。

5. 可视化技术在风能资源详查和评价项目中的应用

中国气象局承担国家发改委的《风能资源详查和评价》项目,对全国风能资源丰富区域进行观测、数值模拟和评价。风能资源共享服务系统是该项目的重要组成部分,风能资源共享服务系统利用 WebGIS、RIA 等可视化技术实现风能资源的在线图形化,实现示范区测风塔、详查区、参考气象站、数值模拟产品、基于 WebGIS 的风能资源显示,如图 3-2 所示。利用地理编码方法实现测风塔、气象站和详查区与风能资源参数信息进行空间关联,直观地展示详查区和测风塔的风能资源评价指标。

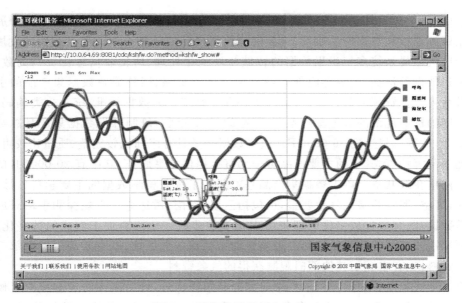

图 3-1　地面气候观测变化图

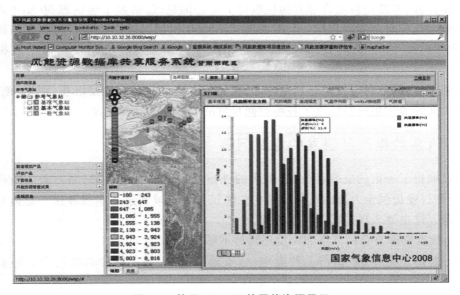

图 3-2　基于 WebGIS 的风能资源显示

3.3　气象资料产品研发

3.3.1　国内气象数据产品研发现状

在国家及中国气象局科研项目的支持下,特别是自 2001 年以来,在科技部国家科技基础条件平台工作重点科研项目《气象科学数据共享中心》(原名为气象资料共享系统建设、气象科学数据共享试点)的持续支持下,国家级和省级气象资料部门积极开展了气象数据资源建设和数据产品研发,气象资料数据产品的研制工作取得了较快的发展。通过对中国气象局系统多年积累数据的转储与规范化处理、历史非信息化资料的数字化、科研项目数据的汇交、气象部门外行业台站数据的整编、国外成熟数据集产品的引进和科研教育界数据资源的联合共建,研制了一批具有统一元数据标准、统一分类编码、统一命名规则的标准规范的数据集产品。截至 2008 年年底,研制开发数据集产品总数已超过 400 个,数据总量达到 36 000GB。这些数据产品具有序列比较完整、质量比较可靠、格式标准规范等特点,其中的主要产品可全部直接提供共享服务,其中有 20 000GB 的数据实现了网络在线共享。以上数据集产品基本涵盖了气象科学数据的主要学科领域,既包括地面、高空、海洋等常规气象要素,也包括卫星、酸雨、雷达等非常规探测手段获取的气象科学数据;既有通过数字化处理将历史积累的非数字化资料加工而成的数字化产品,也有利用不同来源的数字化资料经过整合加工而成的数据集;既有来源于气象部门观测获得的资料,也有来源于其他部门观测获得的气象资料。

除满足气象及其相关学科的科学研究的基本需求外,针对减灾防灾和应对气候变化等科技前沿和热点问题,国家气象信息中心近几年在气候序列的均一性检验订正、格点数据产品开发、多源资料融合等方面也取得了可喜的进展,研制了包括近 50 年中国区域气温、降水量、相对湿度序列均一化数据集,近 50 年中国区域水汽压、气温、降水网格数据集,中国地面 2400 站逐日、定时值气温和降水数据集等一批用户亟需的数据加工产品。

此外,国内部分科研院所还利用冰芯、树轮、湖泊沉积、黄土地层沉积、泥炭、孢粉、石笋和历史文献等代用资料建立了各种时间尺度的气候序列或数据集。

3.3.2　气象数据产品研发的主要问题

虽然取得了一定的成效,但在数据集的规模、质量及相关产品研制方面尚距离为国家、社会和行业提供全方位的气象及其相关气候系统领域信息共享服务这一总体目标有较大差距。这主要表现在以下几个方面。

(1) 数据资源整合的广度和深度还远远不够。

(2) 数据总量小、数据产品种类单一,覆盖面较窄,与国际知名数据中心还有很大差距。

(3) 数据产品整体技术含量偏低,缺少权威的综合数据集产品。

3.3.3　综合数据产品研发方向

根据我国气象数据产品研发的现状和问题,未来数据产品研发的思路是:以满足国家和社会公众对气象科学数据的共享需求为目的,依托中国气象局成熟的业务技术体系,以现有气象数据资源为基础,逐步吸纳国内相关领域和国际上的数据资源,通过整合集成以及标准化和归一化处理,逐步深入广泛地开展气象数据产品的深加工处理和研发,形成一批以大气圈层为核心,涵盖气候系统范畴的数据集产品。以研制高质量的具有气候系统数据特征的标准数据集,以及对于地球环境领域科学问题具有重要支撑意义的综合权威数据集产品为目标,通过 10 年(2009—2018 年)的努力,在均一性检验、多源资料融合、格点化、再分析和综合评估等方面进行重点研发;数据产品研发能力达到国际先进水平。使国家级气象科学数据中心成为国内外知名的具有权威气象数据发布地位的气象科学数据中心。数据产品研发的重点发展方向如下所示。

1. 气象资料深加工产品的研发

加强历史气象资料深加工产品的研发工作,加强各类资料统计方法、均一性检验、非均一化资料的订正、缺测资料插补和短序列延长方法的研究,并根据气候变化应对业务需求,研制一系列高质量、均一化、有代表性和可比性的综合长序列各类资料产品。全面提高数据的加工处理能力,研发观测数据的深加工产品。

2. 多源资料融合技术的研究

近年来,多源数据融合技术和方法在军事和民事领域的应用都越来越广泛。融合技术已成为军事、工业和高技术开发等多方面关心的问题。随着自动气象台站、雷达站网以及气象卫星观测数据的日益丰富,今后国家级气象部门应逐渐开展以地基观测为主,充分融合天基、空基、地基多种观探测手段相结合的数据融合方法的研究。结合国际发展现状与趋势,在充分考虑气象数据特点的基础上,逐渐开展基于神经网络、模糊理论、卡尔曼滤波法、多贝叶斯估计法等数据融合技术和方法的研究。充分挖掘和评估各种观(探)测数据的优缺点,建立一套针对不同气象要素的数据融合方法,并实现融合方法在业务上的可视化运行,从而生成覆盖范围广、时空分辨率高、时空一致性强的高质量气象数据产品。

3. 高时空密度产品研制

由于站点资料仅能反映该点周围一定空间范围内、某一时间段的平均状况,其代表性具有一定的局限性,因此使用尽可能多、布局合理、观测手段相同、观测更密集的站点资料能够更好地描述一个区域的状况。一般来说,高密度数据产品应包括以下几个特点:具有"较多的"观测站点资料;所用资料均取自同一观测手段;资料经过了较严格的质量检查。这里所谓的"高密度"是一个相对的概念,并无严格的数量界定。例如针对原来的国家基准气象站和基本气象站(共 700 个左右)来说,目前国家气象信息中心研制的包含基准气象站、基本气象站、一般站和行业站(共 2400 个左右)站点资料在内的数据产品可称为一个"高密度数据产品",但对于数量众多的区域气象站(约 25 000 个)来说,源自2400 个测站资料的数据产品绝对是"低密度"的。因此,"高密度"是具有阶段性的,代表了这个阶段内时间和空间密度最大的数据产品。相关规划中表明,到 2015 年,我国中期预报模式的水平分辨率将达到 10 km,中尺度降水数值预报模式的水平分辨率将达 2 km。因此,观探测资料的时间分辨率和空间覆盖率将大幅度增加。与之相对应的对于高时空分辨率数据产品的需求也将越来越迫切。

4. 数据格点化方法研究

基于定点持续观测积累的气象要素序列,由于站点空间分布不均、序列长短不一、观测台站环境变迁等缺陷,在气候分析和数值模拟等研究中,不能完全真实地代表区域的气候变化特征,在实际应用中面临诸多限制。利用空间插值技术将离散的站点资料转换成规则的网格点序列,是一种"浓缩"气象要素空间信息的有效方法,大大提高了序列在对应网格范围的气候代表性。国外科研机构非常重视站点资料的网格化,进行了大量的研究工作,根据不同的研究方向和使用目的,建立了不同版本的全球或区域格点数据集,这些数据集作为认识气候变化的基础数据已经被 IPCC 作为主要的参考依据。我国站点资料网格化的研究起步相对较晚,缺少权威的格点数据产品。因此,国家级气象资料部门应充分重视不同气象要素格点化方法和技术的研发。利用 5~10 年的时间,建立一套针对不同要素的空间格点化方法,研制不同时空分辨率下的格点产品,进而实现业务化运行。

5. 实时与非实时资料的融合

长期以来,实时资料业务以快速收集和分发数据为目标,对数据的处理以格式转换为主,对部分资料进行简单的质量检查为主;非实时资料以观测资料的长期积累、质量控制、数据产品制作为主。由于各种原因导致从国家级到省级均存在严重的实时资料与历史资料相脱节的问题。一方面,大部分新增的实时资料均未作为历史资料妥善保存和规范化管理(高密度自动站资料、雷达资料、L 波段探空资料、酸雨、闪电定位、土壤湿度资料等);另一方面,历史资料收集的范畴仍仅停留在传统的地面月报、高空月报、辐射月报和农气月报资料范畴。随着短时临近预报、灾害性天气预警和公共气象服务的发展,在更快地获取高分辨率实时资料的同时,也需要相应的历史资料序列作为支持,通过建立规范工作流程,进行实时和非实时资料的高效融合,既能保证用户快速地获取数据,又能保证历史序列资料的高质量。因此,进行资料的高效融合是改变目前实时和历史资料现状的根本途径,也是满足气象业务发展的基本需求。

3.4　气象资料存储管理

数据库是存储在计算机系统内的一个通用化、综合性、有结构、可共享的数据集合,且具有较高的数据独立性、安全性和完整性。数据库的创建、运行和维护是在数据库管理系统(DBMS)的控制下实现的,并可以以多种方式为各类用户提供服务。

通过数据库管理系统实现对各类气象资料的存储与管理是当今气象信息系统的重要策略之一,以数据库为核心的气象业务流程已经确立。

3.4.1　数据库系统结构

根据服务对象的不同,气象资料数据库系统可分为公用数据库和专用数据库,公用数据库又可分为基础数据库和专题数据库。数据库体系结构如图 3-3 所示。

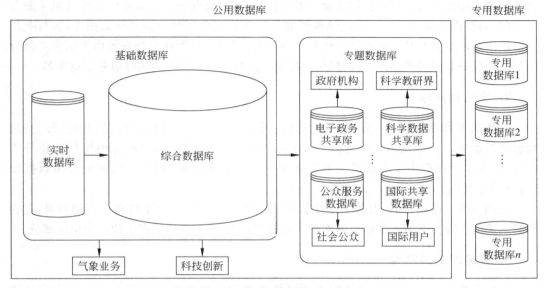

图 3-3　数据库体系结构示意图

1. 公用数据库

公用数据库是指面向多类用户提供信息共享服务、支撑多种业务开展的数据库。公用数据库由中国气象局在统一的顶层设计下,采取集约化模式构建。根据数据库的定位,公用数据库又可分为基础数据库和专题数据库。

（1）基础数据库

基础数据库支持存储所有气象业务、科研、服务和管理的基本气象数据,包括综合探测体系的所有探测数据、数值分析预报产品、服务产品等。按照气象资料规范分类,分为对地面、高空、海洋、辐射、农业气象、大气成分、数值分析预报、历史气候代用、灾害、雷达、卫星、科考、服务产品及其他共 14 大类进行存储管理,并提供数据共享服务。

基础数据库是气象信息的全集,是支持部门内外各类应用和各领域用户获取气象信息的基础平台,同时是所有各类数据库的后援支撑。

根据所管理气象信息的时间特性以及所支持的业务种类,基础数据库又可分为实时数据库和综合数据库,其中综合数据库是全集,实时数据库是综合数据库的子集。

实时数据库是面向预报预警和数值模式业务、并以存储其所需的各种观（探）测实时资料为主的数据库系统。其特点是其存储的资料从内容到存储时限上仅满足实时业务需求,同时根据实时业务的需求具有较高的数据检索性能。

综合数据库是气象信息的全集,是管理各种长序列数据并支持业务、科研、服务、管理等各领域应用的数据库系统。

（2）专题数据库

专题数据库是在国家级基础数据库系统的基础上,基于统一的系统架构与标准,面向不同应用领域而基于基础数据库抽取的一个子集,一般仅用于为各专题研究提供数据共享服务。如面向政府机构提供决策参考信息、作为国家电子政务基础信息库的电子政务共享库,为科研教育界提供气象科学数据共享服务的气象科学数据共享数据库,为行业用户提供雷达数据和产品服务的新一代天气雷达共享数据库,为社会公众提供生活参考信息的气象信息公共服务产品库,为国际用户提供国际数据共享服务的国际服务信息库等。

2. 专用数据库

专用数据库是指仅为一类用户服务,仅存储该业务(单位或用户)产生并使用的特定数据的数据库。由于仅为一种业务、一个单位或一类用户服务,因此可由使用单位分别构建;但在建设过程中也应遵循气象数据库的有关技术标准与规范,以便与公用数据库进行有效的信息交换。

专用数据库是动态的,当其服务对象不再限于一种业务、一个单位和一类用户时,其管理的气象信息应转而纳入公用数据库的存储管理之中,成为公用数据库的一个组成部分。

3. 数据库逻辑结构

气象数据应用的广泛性和其构成的多样性决定了气象数据库系统采用层次化的体系结构,如图 3-4 所示。

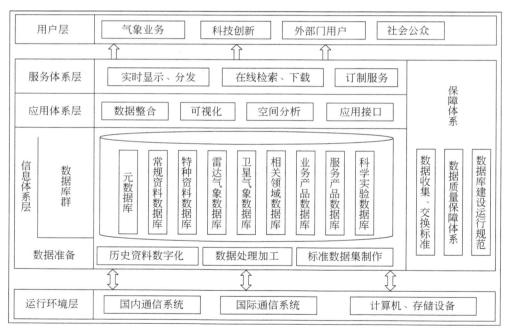

图 3-4　气象数据库系统逻辑结构示意图

气象数据库系统是一个综合业务系统,其中数据资源是核心,计算机系统和网络系统是基础设施,数据和技术标准是根本保障。气象数据库系统的逻辑功能层次包括运行环境、数据资源、应用功能、用户服务和保障体系等层次,其间的逻辑关系如下。

（1）运行环境层

气象数据库系统需要在部门宽带网、国家基础骨干网组成的网络环境下运行，并配以高性能服务器、大容量多级存储设备等实现海量信息的获取、更新、存储、检索、处理、交换、提取分析和传播服务。

（2）信息体系层

信息体系层是气象数据库系统的核心，也称为数据资源层。其主体是国家级、区域/省级和相关领域分布式数据库，所管理的数据资源既有地基、空基、天基各类探测数据，更有在原始资料基础上经过统一分类编码、质量控制和统计加工形成的标准规范的数据集，还有描述各类数据本身信息和使用信息的元数据。数据资源层的数据基础是通信网络系统实时收集的各类数据，对历史资料数字化处理和标准化处理加工形成的长序列数据集以及业务科研活动中产生的信息产品进行收集。

（3）应用功能层

应用功能层是气象数据库系统将逻辑功能转换成应用的软件组，是气象数据库系统应用体系的主要构成，也可以理解为中间件或应用服务器，其主要功能是将繁杂的各类数据进行面向用户的整合集成，将基于数据管理的各种业务逻辑进行封装，为用户提供简洁、易于使用的界面，并提供各种人性化的数据获取功能，如数据的整合、珍贵历史资料的挖掘和在线信息分析等。

（4）用户服务层

用户服务层是用户获取气象数据库系统信息资源的窗口，为用户提供信息资源定位、导航、发现和数据资源的获取。主要采用智能化的数据检索、可视化的信息展示以及网络化的产品分发等方式，实现气象信息的传播与应用。

（5）保障体系层

保障体系层是气象数据库系统提供业务化持续、稳定运行的根本支撑，主要包括各种支持气象数据集约化管理和服务的政策法规与技术标准规范，如数据质量控制规范、数据资源整合方案、数据库建设规范、气象数据分类编码、气象数据元目录、数据集制作规程、元数据标准、气象资料共享管理办法等。

3.4.2　数据库系统布局

按照中国气象局业务技术体制改革方案，公用数据库在全国采取国家、区域、省三级布局，并逐步向最终形成国家、区域两级数据管理体系过渡。公用数据库系统布局如图 3-5 所示。

1. 国家级公用数据库

国家级公用数据库是气象数据库系统的主节点，是我国气象信息的全集管理系统，负责收集和长期保存全国及全球气象行业和相关领域的信息资源，包括全国所有气象观（探）测资料、国家级业务产品、气象相关基础数据等，并为全国范围用户提供信息共享服务。国家级公用数据库同时也是国家级气象信息存档中心和其他层次节点的后援备份中心，直接支持天气、气候、气候变化、农业气象与生态、大气成分、人工影响天气、空间天

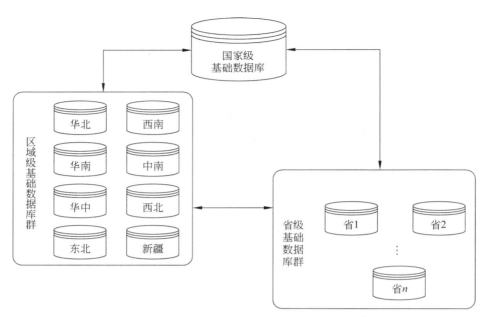

图 3-5　公用数据库系统布局示意图

气、雷电等各类气象业务及其科技创新。

就数据规模而言,国家级公用数据库系统是唯一的海量存储系统及备份系统,为确保信息系统的安全,国家级公用数据库需要在异地建立业务备份系统(灾难备份系统)。

国家级公用数据库中短期存储的资料满足短期的国家级业务应用需求,长期存储的资料内容与存档业务在全国的布局一致,主要包括:

- 全国及全球范围实时、历史观探测数据;
- 国家级各轨道业务及科研所需基础数据及产品;
- 国家级各轨道业务及科研所生成的服务产品;
- 承担所有(国家、区域、省级)气象资料(含产品)的归档工作。

2. 区域级公用数据库

区域级公用数据库具有与国家级公用数据库相类似的体系结构和物理逻辑结构,遵循与国家级公用数据库统一的元数据标准、数据标准和用户授权构建,与国家级平台形成"紧耦合"体系。

区域级公用数据库并不完全是国家级的子集,也可以有本区域特有的数据。该数据库负责收集和长期保存本区域内所有观(探)测资料(包括雷达资料)和本区域各类气象业务产品等气象信息,支持本区域及临近区域、本区域内各省的各类气象业务及其科技创新。区域级公用数据库存储的数据包括:

- 本区域内实时、历史气象资料;
- 区域级各类气象业务及科研所需基础数据及产品;
- 区域级各类气象业务及科研所生成的服务产品。

3. 省级公用数据库

省级公用数据库所管理的数据内容要略小于区域级,具有与国家级、区域级公用数据库相类似的体系结构和物理逻辑结构,并采用与国家级、区域级公用数据库统一的元数据标准、数据标准和用户授权构建。

省级公用数据库负责收集和长期保存本省所有观(探)测资料和各类气象业务产品等气象信息,支持本省、临近省和本省内各地区级的各类气象业务及其科技创新,省级公用数据库同时也是省级气象信息存档中心。省级公用数据库存储的数据包括:

- 本省实时、历史气象资料;
- 省级各类气象业务及科研所需基础数据及产品;
- 省级各类气象业务及科研所生成的服务产品。

3.4.3　数据库业务流程

气象信息管理和共享业务流程以数据库为核心,包括观测资料的自动收集、加工处理、存档和服务等。实时资料业务以快速收集和分发数据为目标,对数据的处理以格式转换、要素解码、初步质量检查为主;非实时资料以观测资料的长期积累、质量控制、数据产品制作为主。数据库业务流程如图 3-6 所示。

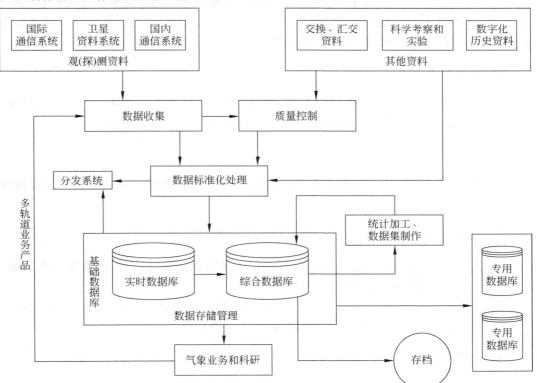

图 3-6　数据库业务流程示意图

1. 数据收集

数据收集系统负责收集各类气象原始观(探)测资料、各类气象业务和科研生成的预报产品等资料,并在进行初步分类后交给数据质量控制或数据标准化处理系统。

2. 数据质量控制

需要进行质量控制的气象数据,由数据收集系统或其他途径直接交付数据质量控制系统,根据标准化质量控制方案进行数据质量控制并生成数据质量信息,交付数据标准化处理系统。

3. 数据标准化处理

对于由数据收集系统或其他途径直接交付的不需进行质量控制的数据,以及质量控制系统交付的经质量控制的数据,根据气象数据标准化处理规范进行处理,供数据存储管理及分发使用。

4. 数据存储管理

根据不同资料的特点和业务应用需求,设计合理的数据结构,实现气象数据的规范和有效管理。各个气象数据库系统对气象数据的存储管理是整个业务流程的核心部分,直接关系到气象数据管理和共享系统的使用效率。根据各级公用数据库的应用需求和规模,可分别采用基于不同策略的分级存储管理。

5. 数据检索服务

数据检索服务系统以多种、灵活的方式接纳各类气象业务和科研用户的访问请求,从数据库中检索出所需数据,再按照用户的要求将检索结果返回给用户。

6. 数据存档管理

按照各级气象信息系统的数据存档内容和策略要求,对数据库中需要归档的资料进行存档。

7. 数据反馈

各类气象业务和科研系统所形成的各种加工和服务产品,需再返回数据收集系统,进行标准化处理及存储管理,供其他用户共享。

基于基本气象信息进行的统计加工、数据融合和数据集制作所生成的气象数据和产品,需再返回数据管理系统进行存储管理,供其他用户共享。

8. 数据分发

需要进行分发的气象数据,可由数据标准化处理系统或数据存储管理系统提取所需气象数据和产品,交付相应的数据分发系统、专题数据库系统或专用数据库系统使用。

3.4.4　实时数据库

主要用于支撑中短期和短时气象预报业务的数据库系统称为实时数据库，实时数据库所管理的资料内容主要是实时观测资料及各种预报产品。其特点是资料的时效性很强，数据处理和检索速度快捷方便，系统 7×24 小时稳定运行。因此实时数据库资料存储周期相对较短，数据结构也可以较为简单，但构建时应具有与国家级、区域级公用数据库相类似的体系结构和物理逻辑结构，并采用与国家级、区域级公用数据库统一的数据及元数据标准。

1. 数据结构设计

采用结构化和非结构化两种数据管理方式，结构化数据主要用于管理气象观测资料，非结构化数据主要用于各种预报产品和部分观测资料的文件管理。结构化数据一般采用商用数据库系统（DBMS）进行管理，而非结构化数据则采用目录和文件索引相结合的方式进行管理。

（1）结构化数据设计

结构化数据通常会采用数据库二维表进行管理，而数据库系统效率的好坏与表结构的设计有直接关系。数据表的设计既要考虑观测资料的类别和特性，又要兼顾气象业务应用的特点和时效要求。只有二者结合得恰到好处才能充分发挥数据库的效率。气象要素表的设计应遵循下列原则。

- 根据不同资料类别分别设计若干不同种类的结构化数据表格。
- 同一类别资料中不同资料种类的结构化数据设计为不同的数据表，但若存储内容基本相同，也可统一设计为同一张表格。
- 同一类别资料的同一数据种类中，内容相对独立的不同子类数据（资料）原则上应设计为不同的表格，但对于内容多数相同的不同子类数据（资料）也可统一设计成同一数据表格。
- 为保证数据访问性能，各数据表格按其存储管理策略，如需按存储资料的时间、空间等序列进行拆分，可以拆分成具有相同表结构的若干时间、空间序列的表格集。数据表也可采用分区方式进行管理。
- 对于一种数据有二维以上含意（即一对多的关系）时，则设计成有联系的两张或多张表格，即键表和要素表。键表和要素表之间通过特定字段进行关联，并保持数据的完整性和一致性。

（2）非结构化数据设计

非结构化数据的存储管理涉及索引信息表、目录结构和信息关联。

一般来讲，索引信息表的划分原则如下。

- 不同资料类别分别包含若干不同种类的非结构化数据索引信息表格。
- 同一资料类别中的不同非结构化数据（资料）种类设计为不同的索引信息表格。
- 同一资料类别中的同一非结构化数据（资料）种类中，内容相对独立的不同子类数据原则上应设计为不同的索引信息表格，但对于内容多数相同的不同子类数据，也可以设计成同一索引信息表格。

- 对于各非结构化数据索引信息表格,为保证数据访问性能,其存储管理策略若需要按存储资料的时间、空间等序列进行拆分,也可以拆分成具有相同表结构的若干时间、空间序列的索引信息表格集。索引信息表也可采用分区方式进行数据管理。
- 同一资料类别的不同非结构化数据种类中,如存储内容基本相同,也可统一设计为同一索引信息表格。

目录的划分要遵循以下原则。

- 各库中非结构化数据资料的顶级目录为该资料所属的类别,该类别中的资料种类构成第二级目录;第三级及以下各目录则根据资料的具体特点,由日期、时间或其他具有唯一性特征的内容确定。
- 各库中非结构化数据的顶级目录具有唯一性,相互之间没有关联。

文件目录及文件名的命名遵循"数据分类"中所规定的各项规则。

目录、文件与索引信息表的关联:

每个非结构化数据的文件目录(路径)、文件名及文件数据格式等所有有关检索信息必须完整地记录在由商用数据库管理的非结构化数据索引信息表中,以实现由商用数据库提供对系统所有资料进行统一检索平台的目标。

2. 用户检索接口

实时数据库的用户检索方式一般有两种:API程序调用和交互式终端检索。日常实时气象业务系统多以程序调用为主,交互式终端检索可作为辅助手段。

(1)程序调用

程序调用是采用一种或几种编程语言编制的子程序或函数,供用户通过主程序引用实现从数据库检索资料的方法,这种方式多用于日常较固定的自动化处理业务系统。子程序或函数中的主要参数应包含以下几方面:

资料类型,日期/时间,资料范围,资料层次,要素名称,输出格式等。

(2)交互式终端检索

交互式终端检索的功能要比程序调用更为灵活,它除了具有程序调用的所有功能外,还可以具有资料的统计功能,甚至还可以实现资料的可视化显示。图3-7展示了一个交互式终端检索的实例。

3. 系统运行监视

为了保证实时数据库系统的稳定可靠运行,必须对其运行状态进行实时监视,以便时刻反映系统运行中所出现的问题,并通过报警装置及时通知用户和系统维护人员。

(1)系统监视内容

实时库系统监视的内容应包含以下几个方面。

- 关键设备的使用状态:CPU、内存、磁盘空间等设备的使用率。
- 数据库表空间利用率:包括系统表空间、数据表空间、索引表空间、临时表空间、

图 3-7 交互式终端检索示意

回滚表空间等。

- 进程监视：包括系统进程、数据库进程、数据处理进程等。
- 未处理文件数：通过对未处理文件数进行监视，可以及时了解数据库处理的时效性，在必要时采取相应的措施，以保证重要资料的及时入库，或者对系统进行必要的改进与完善。
- 入库资料量：根据不同资料的特征制定相应的时间检测点，对资料入库量进行定时统计，再根据预先定制的时间阀值确定资料的到达（入库）量。

（2）报警方式

当系统运行出现问题（故障）时，必须通过一定的报警方式及时通知相关人员，以排解故障以保证系统正常运行。报警方式可以是：

- 以醒目的颜色在屏幕上弹出窗口，提示错误内容；
- 采用蜂鸣声报警；
- 向系统维护人员的通信工具（如手机）发送信息。

图 3-8 展示了一个实时库系统监视的实例。

3.4.5 综合数据库

相对于实时数据库而言，综合数据库所管理的气象数据时序更长、资料种类更多、数据结构更为多样化，所服务的对象多侧重于准实时或非实时业务、气象科研和其他公众用户。

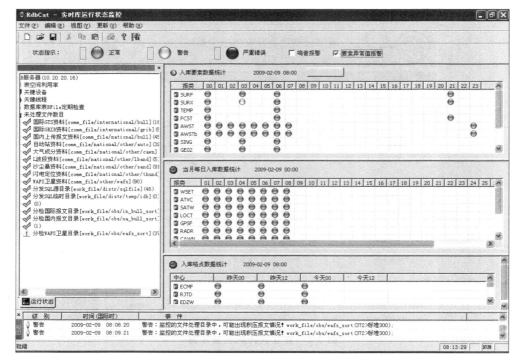

图 3-8 实时库系统监视示意图

1. 数据存储结构设计

要确定信息的存储方式,就需要把存储方式与资料的保存格式和检索应用相结合起来统一考虑。通过对资料进行全面的分析表明,不同种类的气象资料的检索方式是不一样的。例如:对于观测资料,用户一般需要提供某个要素的检索,显然对这类信息采用数据库表方式管理更为合适;而对于一些二进制格式的数据、图像及大文本文件,用户一般需要某个完整的资料文件或整个图像,对这类资料采用文件方式管理较为合适。故历史数据的存储分为两类:文件形式和表结构形式。地面、高空、辐射、农气等站点的资料一般用表结构形式进行存储,卫星、雷达、数值模式产品等资料一般以文件形式存储。以表结构存储的数据同时也可以以文件形式存储一份。

各类资料在入库的同时进行元数据整编,包括描述型元数据和应用型元数据。对于以文件形式存储的数据,利用数据表存储文件索引信息,并以此实现文件的查询。

2. 元数据设计

为了实现对综合数据库中各类数据的高效管理和数据的应用服务,综合数据库还需要设计和构建元数据库。

元数据是在数据管理者和用户之间实现良好互操作性的基础之一,如果缺乏统一的全面规划和综合考虑,则会对今后的数据库维护和效益发挥造成很大的障碍。在进行元数据设计时,应遵循如下原则。

第一,元数据描述的单元是各类数据集。

一个数据集在综合数据库中对应一个数据表或一个存储目录。由于综合数据库中数据资源的存储、管理和服务的单元是数据集,所以综合数据库中元数据在设计时也是以数据集为单位进行的。

第二,单独存储与检索应用有关的元数据。

与用户检索应用有关的元数据与其他管理和应用(如建库、数据结构等)所涉及的元数据要分表存储,以提高检索应用的效率。

第三,要反映用户对数据访问的需求。

元数据的用途之一是向用户完整准确地描述各类数据资源,因此用户的需求应作为衡量元数据设计是否合理的标准之一。

第四,通用性、标准性、完备性和可扩展性原则。

一般地学领域数据资源的种类非常多,各类资料的应用方式多有差异,因此通用性、标准性、完备性和可扩展性应该成为元数据所有设计原则中最重要的内容。

通用性是指针对各类数据资源的特点进行分析,提取出具有共性的东西。

标准性是指在元数据设计过程中,要体现或总结出一套标准,这些标准可以对信息管理提供很好的指导作用。

完备性是指对所有需要的管理信息都有全面的描述或表示。

可扩展性是指数据库管理的资源种类是不断增加的,因此为了描述某些新的特殊种类信息,就需要原来的设计方案有较好的扩充能力。

3. 综合数据库管理系统

综合数据库管理系统包括数据入库与更新,以及元数据管理。基本技术路线是:

数据的批量入库和更新通过批量导入脚本执行完成;元数据的管理功能包括元数据浏览、元数据创建、元数据修改、元数据删除、元数据导入/导出、数据集相关说明文档的上传、下载和删除。

4. 综合数据库运行监视系统

综合数据库的运行监视是基于业务流程的监视系统,包括前台监视信息展示和后台监视信息配置和管理功能。前台监视项目包括进程监视、文件生成监视、入库情况统计和表空间创建状况等。后台监视信息配置管理平台功能包括监视策略管理、监视任务查询、监视结果查询和数据库配置等功能。

3.4.6　数据库系统应用实例

近年来,在国家级层面,数据库系统的应用在不断探索和发展,已经建成并投入业务运行的《国家级气象资料存储检索系统(MDSS)》以及正在开发建设的《新一代天气雷达信息共享平台(CIMMIS)》是数据库系统在气象信息业务中的典型应用范例。

1. 国家级气象资料存储检索系统

国家级气象资料存储检索系统(以下简称存储系统)是国家"九五"大中型建设项目《短期气候预测系统工程》的重要建设内容之一。存储系统基于存储区域网(SAN)的体系结构,所有服务器与磁盘阵列及磁带库之间的数据传输速率均可达到200MB/s。配置了多台高端服务器,分别应用于数据库管理、应用检索、监控管理、对外共享等多个应用子系统;HP磁盘阵列提供64TB在线存储空间;STK自动磁带库提供740TB近线存储空间,并配置了高效的双机械手以及12台高速磁带机。国家级存储检索系统的逻辑结构如图3-9所示。

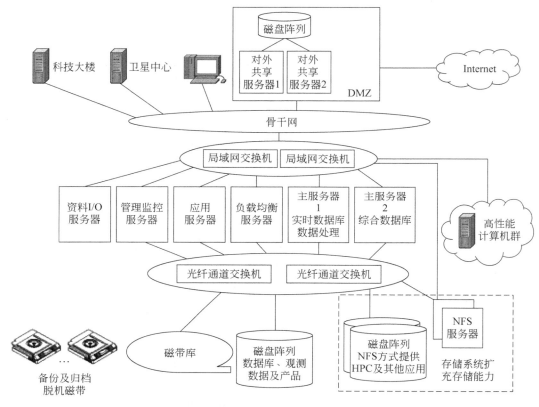

图3-9 国家级存储检索系统逻辑结构图

存储系统投入运行以来,承担了气象数据存储、存储系统业务应用系统运行、高性能计算机二级存储池及数据共享服务等多项工作。气象数据存储包括对观测数据、产品数据、模式运算数据等各种数据的存储、备份及数据归档等存储管理工作;存储系统中运行着实时、综合和延时三个数据库,通过中间件、Web应用等提供数据服务应用以及系统监视等应用;高性能计算机二级存储池主要保存高性能计算机业务与科研用户无法在高性能计算机上长期在线保存而又必须保存的各类数据,开发并提供数据归档及检索的功能。

存储系统在实际运行的 5 年时间里,其存储能力几经扩充。最新统计数据显示,存储系统现有磁盘阵列系统约 400TB(可用容量),磁带库资源主要有 200GB 的 STK 9940B 磁带约 2 万盘和 20GB 的 STK 9840B 磁带 2000 盘,9940B 磁带主要用于数据备份与归档,9840B 磁带现用于综合库部分数据的迁移管理。

2. 新一代天气雷达信息共享平台

新一代天气雷达信息共享平台(CIMMIS)建设项目在《我国天气雷达近期发展规划(2005—2010)》及充分发挥新一代天气雷达探测网的建设效益两大背景下展开,是国家气象信息基础性建设的重要工程,目标是建设一套覆盖全国、囊括从收集到服务所有关键阶段气象信息业务过程的分布式气象信息共享业务系统,为气象部门及相关行业用户提供包括新一代天气雷达资料在内的、涵盖综合气象探测数据和信息产品的高质量共享服务。项目建设的总体目标是根据现代气象业务发展的需求和国家社会、经济发展对气象服务的需求,通过 3 年左右的时间,建设一套覆盖全国的、集数据收集与分发、质量控制与产品生成、存储管理、共享服务于一体的分布式气象信息共享业务系统,为气象部门及相关行业用户提供包括新一代天气雷达资料在内的、涵盖综合气象探测数据和信息产品的共享服务。

该项目是继 9210 项目以来国家气象信息系统方面最大的建设项目,项目建设采取"统一设计、统一采购、全国布设"的方式,由中国气象局组织,国家气象信息中心牵头,全国 31 个省、自治区、直辖市气象局共同参与建设。本项目建设的应用软件系统和平台系统将在全国布设,共构建 1 个国家级中心和 31 个省级中心,所有的中心以全国气象宽带网络联结成一个物理分布、逻辑统一的信息共享平台。

新一代天气雷达信息共享平台是国家级和省级气象预报、科研、服务业务的基础支撑平台,主要包括数据收集与分发、数据加工处理、数据存储管理、数据共享服务、业务监控等五大业务系统。CIMMIS 平台的逻辑结构如图 3-10 所示。

(1) 数据收集与分发系统

数据收集与分发系统负责实时资料收集、预处理与分发业务系统,以实现对雷达、地面、高空、卫星、农业气象与生态、大气成分、沙尘暴等观(探)测资料以及气象业务服务产品的实时收集、预处理、传输质量监视统计,实现各类观(探)测数据和生成产品的实时分发。该系统要实现灵活的基于优先级的收集和分发策略,具备并发收集和分发处理能力,并以文件级、站号级对收集与分发进行综合统计,以及支持对统计信息的查询浏览,主要包括数据收集、传输预处理、数据分发、数据补调、收集与分发控制、系统监视与统计功能等。

(2) 数据加工处理系统

数据加工处理系统是一个基于标准规范、自动运行的数据加工处理和产品生成系统,实现对观(探)测资料的编解码、常规资料的质量控制和产品生成。该系统主要包括数据解码/解压缩、质量控制、统计加工、异常处理、系统管理、业务监控与统计功能等。

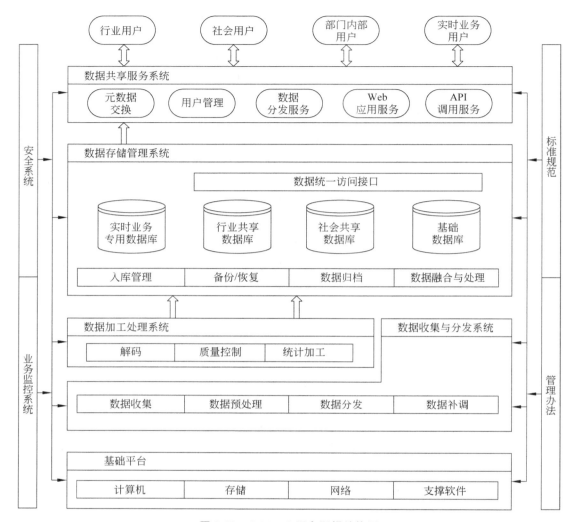

图 3-10　CIMMIS 平台逻辑结构图

对于雷达资料,除生成 16 种质检后的单站雷达产品外,还将通过对雷达基数据的处理,新生成 8 种不同范围的、满足不同行业用户需求的标准化、高质量的组网雷达产品。另外,还对历史雷达资料和数值预报产品进行规范化整理。

数据加工处理系统分别部署在国家级和省级业务中心。

（3）数据存储管理系统

数据存储管理系统实现对所收集的气象数据及加工处理生成的各类气象信息的标准和规范的存储管理,并提供满足共享服务需求的高效和规范的检索。实现灵活高效并发的数据存储管理策略,主要包括数据规范化存储管理、数据备份与恢复、数据迁移与回迁、数据归档、数据访问接口功能等。

（4）共享服务系统

数据共享服务系统面向气象业务、对外服务及科研用户,以及为政府和行业用户提供数据共享服务。共享服务系统建立全网元数据目录管理系统,实现元数据目录的全网统一访问,提供全局唯一的数据视图,提供统一的元数据目录管理接口和元数据目录访问接口,实现数据导航与定位、数据检索统计、数据浏览、数据下载、数据定制和综合显示应用,为用户提供方便快捷的数据访问服务。主要包括元数据交换、数据共享分发、Web应用服务、数据定制、用户管理功能等。

（5）业务监控系统

业务监控系统实现对全国气象信息共享平台业务的二级监控。第一级为国家中心对国家级业务的监控;第二级为省级中心对所辖范围内业务的监控,国家级和省级可分别查询对方的业务监视主要信息。业务监控功能指对系统运行状态、资料收集、处理、存储、分发状态和用户应用状态进行实时监测,实现对资料从产生到用户使用的完整端到端流程中各环节的传输和处理时间的定量分析统计;提供提醒、报警等功能,保障系统安全平稳运行,同时提供定期生成系统运行分析报告的功能,主要包括监视信息收集、监视信息存储管理、业务监视与统计分析以及监视统计管理等功能。

除了以上 5 大业务系统外,该平台还有安全系统和计算机网络系统等支撑系统。

3.5　中国气象数据网

中国气象数据网由中国气象局国家气象信息中心（中国气象局气象数据中心）资料服务室（Climatic Data Center, National Meteorological Information Center, China Meteorological Administration）负责,该资料服务室是我国历史最悠久的气象信息、档案收集及管理单位,与中国气象局气象档案馆、世界数据中心气象学科分中心（北京）（WDC (M) for Beijing)是"一个单位,三块牌子",既是全国气象数据中心,也是国家专业档案馆之一,隶属于中国气象局国家气象信息中心。

作为中国气象学科的国家级数据中心,其负责承担全国和全球范围的气象数据及其产品的收集、处理、存储、检索和服务;研究与应用最新数据处理技术;加工和开发各类气象数据产品;承担国家级气象档案馆的任务职责,负责全国气象记录档案和工作档案的收集、归档、管理和服务;承担数据和档案业务对省级的技术指导。依据中国气象局《气象资料共享管理办法》和《气象信息服务管理办法》的规定,根据不同用户需求,向国内外提供各类气象数据及其产品的共享服务。

资料服务室依托完善的实时资料的接收业务流程,每日通过国内卫星通信系统和全球通信系统收集全球和国内各类实时和非实时的气象观（探）测资料。现有的资料种类包括全球高空探测资料、地面观测资料、海洋观测资料、数值分析预报产品、我国农业气象资料、地面加密观测资料、天气雷达探测资料、飞机探测资料、风云系列卫星探测资料、数值预报分析场资料、GPS-Met、GOES-9 卫星云图资料、土壤墒情、飞机报、沙尘暴监测、TOVS、ATOVS、风廓线资料等。资料服务室对收集的各类资料及时进行质量检验、加工处理、存储、建立综合气象数据库,形成各类便于应用的数据产品,通过在线和离线方式为各类用户提供分级分类共享服务。简而言之,中国气象数据网有以下几个特点。

1. 目标定位

中国气象数据网是气象科学数据共享网的升级系统,是国家科技基础条件平台的重要组成部分,是气象云的主要门户应用系统,是中国气象局面向国内和全球用户开放气象数据资源的权威和统一的共享服务平台,是开放我国气象服务市场、促进气象信息资源共享和高效应用、构建新型气象服务体系的数据支撑平台。

2. 服务原则

中国气象数据网以满足国家和全社会发展对气象数据的共享需求为目的,重点围绕标准规范体系建立、数据资源整合、共享平台建设和数据共享服务四个方面开展工作。

数据服务对象为涵盖政府部门、公益性用户、商业性用户在内的各类社会团体和公众用户。

3. 服务方式

中国气象数据网的服务模式分为在线数据服务和离线数据服务两种,在线服务主要通过中国气象数据网提供在线数据下载和服务,离线数据服务包括电话咨询、信息咨询以及根据用户需求制作专题数据产品等。

中国气象数据网的门户网站中国气象数据网的网址为 http://data.cma.cn。

用户可在中国气象数据网进行在线注册。注册流程简单快捷,只需要根据流程步骤填写相关信息,即可快速注册成为会员用户。流程步骤如图 3-11 所示。

用户注册成为会员之后,即可按照数据下载的一般流程下载所需的数据。

(1)登录

用户使用已经注册的账号登录该网站,建议使用 IE 浏览器,国内官方的数据交互网站对 IE 浏览器之外的浏览器支持不良,例如谷歌浏览器。

(2)查询

在首页正中,"数据导航"是数据查询的主要交互窗口,具有不同的查询方式,用户可以自己尝试操作体会一下。本节选择"地面气象资料"和"全球地面气候标准值月值"两项,页面自动跳转到相应页面,在页面下方,会有数据相应的说明和查询的按钮,下载说明,单击"普通查询"按钮进入下一页面。

(3)普通查询

在普通查询页面中,选择相应的选项(具体的数据集略有不同),最后单击"查询"按钮进入下载页面。下载页面中会出现很多数据,若觉得逐一确定比较麻烦,则可以将滑动条拉至底部,在"全选"复选框中单击,包含所有数据,单击"以 zip 格式下载所有文件"选项,即可成功下载数据。

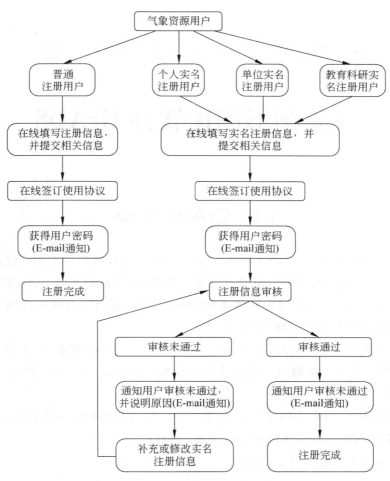

图 3-11　用户注册流程图

第 4 章

chapter 4

气象图形图像软件 GrADS

4.1 GrADS 简介

GrADS (Grid Analysis and Display System)是一款在气象界应用广泛的数据处理和显示绘图软件。该系统具有气象数据分析功能强、地图投影坐标丰富、高级编程语言使用容易、图形显示快速,并具备彩色动画功能等特点,适用于目前流行的各种操作系统,已经成为国内外气象数据显示的标准平台之一。

GrADS 中数据集是一个五维数据场,以二维数组片的形式按水平、垂直、物理变量、时间序列的顺序排放。维数可以定义在地球坐标(world coordinate)和格点坐标(grid coordinate)上。

GrADS 可用于 4D 数据的分析,即经度、纬度、层次和时间(lon、lat、lev、time)四维。数据可以是格点化的资料或离散点资料(如站点资料)。

GrADS 的基本流程如图 4-1 所示。

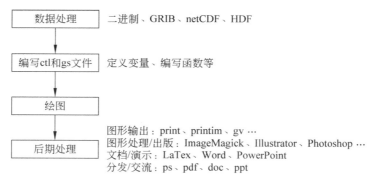

图 4-1　GrADS 基本流程

4.2　GrADS 软件包简介

按磁盘文件记录格式划分,GrADS 软件包的文件可分为如下几类。

1. 原始气象数据文件(dat)

dat 是二进制无格式记录的原始气象数据文件,其数据既可以是格点数据,也可以是站点数据。它们是从其他气象数据(如站点气象报、格点气象报、模式格点输出结果)转换生成的。对格点数据而言,其格式为二进制无格式直接或顺序记录格式。总之对格点数据而言,整个数据集是一个庞大的五维数据场,包括三维物理空间、一维物理变量、一维时间变量,存放时以二维数组片的形式按水平、垂直、物理变量、时间序列的顺序排放。若气象数据为十进制数据,则在使用 GrADS 前,用 Fortran 先打开数据文件,然后输入语句(例如:"open(1,file='D:\ziliao\h1988.grd',form='binary')")将十进制数据转化成二进制数据存储在 h1988.grd 文档中即可。

2. 描述性文件(ctl)

该文件为纯 ASCII 文件,用以描述原始数据集的基本信息,包括数据集文件名、数据类型、数据结果、变量描述等。在 GrADS 环境中至少须首先打开(open)一个数据描述文件,以便后续的操作有数据对象。

3. GrADS 控制文件(gs)

用 GrADS 命令 run 执行。这也是一个纯文本文件,内含利用描述语言(script language)写成的批处理 GrADS 系统设置和命令,可集成处理 GrADS 命令。

4. 系统命令文件(exe)

是 GrADS 系统在 DOS 环境下的可执行文件。如 grads.exe 为 GrADS 图形分析和显示命令;dos4gw.exe 为 DOS 的扩展环境;gxps.exe、gxpsc.exe、gxpscw.exe 都是图元文件转换为 postscript 文件的执行文件;gxtran.exe 是图元文件转换到显示器上显示的执行文件;gx.exe 是将图元文件转换为各种不带 ps 解释器的打印机输出的执行文件。

5. GrADS 系统图元输出文件(gmf 和 met)

格式由 GrADS 内定,文件名随用户自定,其内容为屏幕显示图形的二进制图元数据,用于产生图形的硬备份输出。在 Windows 平台,用 gv.exe 或 gv32.exe 可以查看此图元文件,并可将其另存为 wmf 格式的图形文件。

6. Postscript 格式文件(ps)

其内容为 ASCII 码形式的 Postscript 语言格式的图形数据,它是图元文件 *.gmf (*.met)经 gx.exe、gxpsc、gxpscw 转换生成的,可用于 ps 打印机的直接硬备份输出,也可被其他应用软件调用,只要该软件识别 ps 格式数据。

7. 直接执行批处理文件(exc)

其内容为 GrADS 交互环境下所输入命令的直接集成,按记录存放在一个 ASCII 码文件中,在 GrADS 环境下用 exc 命令执行。

4.3 GrADS 数据简介

GrADS 可以处理多种数据格式,如二进制数据格式、GRIB 码格式、NetCDF、HDF-SDS 等通用数据格式。对于满足 GrADS 所要求的数据格式的数据文件来说,可以直接作为绘图的原始数据使用,不需要再进行处理。但实际气象业务中使用的很多数据资料常常以十进制形式存储,而 GrADS 不能识别该数据格式,所以在使用 GrADS 绘图之前,需要通过 Fortran 或者 C 语言对这类数据文件进行格式转换。

4.3.1 Binary 无格式数据

这类数据文件是从其他气象数据(如站点气象报、格点气象报、模式格点输出结果)转换生成的,格式为二进制无格式型,既可以是格点数据(网格点形式),也可以是站点数据(离散点形式)。常用后缀 dat、grd、bin 等,使用时,需要与 ctl 文件一起使用。

4.3.2 netCDF 格式数据

NCEP/NCAR 提供了一种 netCDF(Network Common Data Format)数据格式的再分析资料,常用后缀 nc,这种数据格式是一种自描述(Self-Describing)数据格式,不依赖于计算机平台,适合科学数据的交流,精确性好,便于传输。目前使用的 GrADS 版本都支持这种格式,能直接处理这类数据,不需要另外编写数据文件的数据描述文件。使用 nc 格式数据时,输入 ga->sdfopen absolute. nc 语句直接使用即可。

4.3.3 GRIB 格式数据

NCEP/NCAR 提供了一种 GRIB(Grid in Binary)数据格式的再分析资料,这种格式的数据也是 GrADS 可以直接读取的数据形式。但是,使用前要先用 grib2ctl 和 gribmap 命令使其生成数据文件的数据描述文件(ctl)和指针文件(idx)。并且,这类数据文件通常没有后缀名,数据集包含全球多层实时或者一定时间段内多个物理量的数据资料,分辨率为 2.5°×2.5°或者 1°×1°。

例如:GrADS 处理 FNL 1.0X1.0(grib1)数据。

处理前需要先将 grib2ctl. exe 和 gribmap. exe 复制放到 GrADS 安装文件夹 C:\GrADS19\win32(1.9 版本)中。

(1)首先生成一个描述文件 ctl ,如图 4-2 所示。

首先将 fnl_20090808_18_00_c 文件复制到 C:\GrADS19\win32(1.9 版本)中。

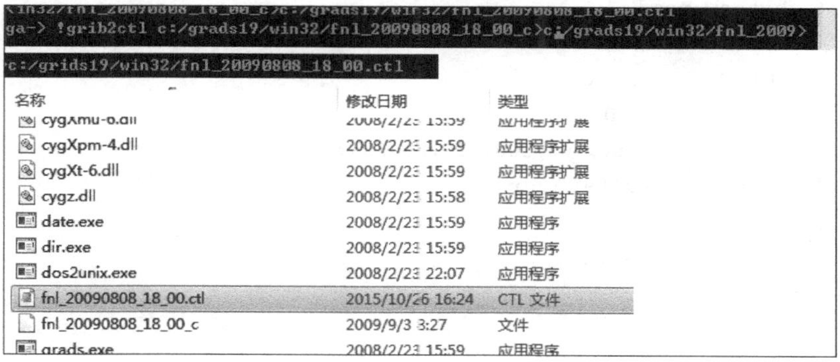

图 4-2　生成描述性文件

进入 GrADS 生成 fnl_20090808_18_00.ctl 描述文件：

（2）利用 GrADS 自带的 gribmap.exe 生成 fnl_20090808_18_00_c.idx 索引文件，如图 4-3 所示。

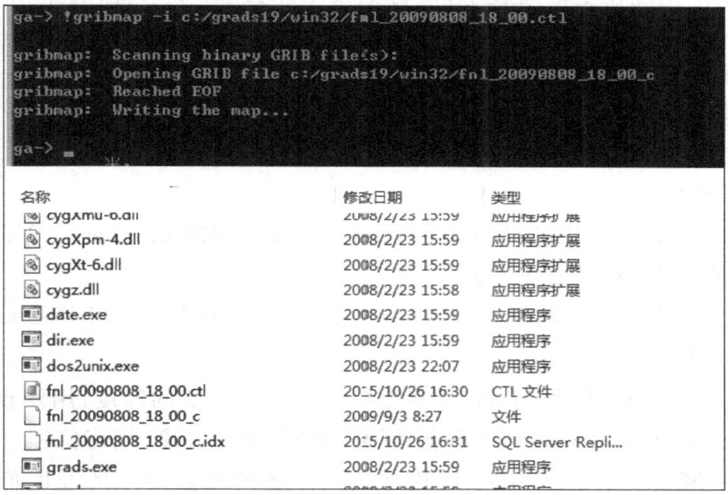

图 4-3　生成索引文件

4.4　编写 ctl 文件

用 GrADS 画图时，不能直接打开数据文件，而是通过打开数据描述文件间接打开数据文件。

下面给出一个描述性文件的示例。

```
DEST   ua.dat
TITLE  Upper Air Date
DTYPE  grid
FORMAT yrev
```

```
OPTIONS  byteswapped
UNDEF - 9.99E33
XDEF   80 LINEAR-140.0 1.0
YDEF   50 LINEAR 20.0 1.0
ZDEY   10 LEVELS 1000,850,700,500,400,250,150,100
TEDY   4 LINEAR 0Z10apr1991 12hr
VARS   6
slp 0 0 Sea Level Pressure
z 10 0 heights
t 10 0 temps
td 6 0 dewpoints
u 10 0 winds
v 10 0 v winds
ENDVARS
```

数据描述文件为文本格式文件,每行记录的各项以空格分开,注释行在第一列输入"＊",注释行不能出现在变量列表中,每行记录不超过 80 个字符,每个描述文件包含以下几项。

- 二进制数据文件名(此处为 ua. dat)。
- 本数据集说明标题(Upper Air Data)。
- 数据集的数据类型、格式和选项(dtype、format、options)。
- 时空维数环境设置。

(1) XDEF number LINEAR start increment 或 XDEF number LEVELS value-list 设置网格点值与经度(或在 x 方向)的对应关系。

其中 number 是 x 方向网格点数,用整型数,必须大于等于 1;LINEAR 或 LEVELS 表明网格映射类型。

LINEAR:网格点格距均匀,start 为起始经度,或 x=1 的经度,用浮点数表示,负数表示西经,increment 表示 x 方向网格点之间的格距,单位是度,用正值浮点数表示。

LEVELS:网格点格距不均匀,用枚举法列出各网格点对应的经度值,value-list 顺序列出各格点的经度值,可在下一行续行。至少有两个以上格点时方可使用 LEVELS。

例如:

```
XDEF 72 LINEAR 0.0 5.0
XDEF 5 LEVELS 80 100 120 140 160
```

(2) YDEF number mapping additional arguments

定义网格点值与 Y 轴或者维度的映射关系,其中 ynum 为 y 方向的格点数,用整型数表示,mapping 表示映射方式,不同的映射方式需要不同的附加条件,即 additional arguments。

映射方式有:线性映射(LINEAR)、维度枚举法映射(LEVELS)、高斯 T62 纬度(GAUST62)、高斯 R15 纬度(GAUSR15)、高斯 R20 纬度(GAUSR20)、高斯 R30 纬度(GAUSR30)、高斯 R40 纬度(GAUSR40)等。

取 LINEAR：格式为 LINEAR start increment，start 是起始经纬度，即 y＝1 的纬度，以浮点数表示，负数表示南纬，increment 表示 y 方向的网格点间距，一般用正浮点数表示。

取 LEVELS：格式为 LEVELS value-list，即顺序枚举 y 方向一系列网格点对应的纬度值，可续行表示，至少有两个以上格点时方可用 LEVELS 表示方法。

取高斯 GAUSXXX 映射：格式为 GAUSXXX start，start 为第一个高斯网格数，如果数据集是覆盖全球纬度的，则 start 为 1 表示最南端格点纬度。

例如：

```
YDEF 20 GAUSR40 15
```

（3）ZDEF number LINEAR start increment 或 ZDEF number LEVELS value-list

设置垂直网格点与 z 轴或气压面的映射关系，同理，取 LINEAR 时，start 为 z＝1 时的值或者起始值，increment 为 z 方向的增量，从低到高，该增量可以取负值。

例如：

```
ZDEF 10 LINEAR 1000 -100
```

表示共 10 层等压面，其值为 1000hPa，900hPa，800hPa 等。

在取 LEVELS 时，value-list 顺序列举出全部对应的等压面，若等压面只有一层，则需要用 LINEAR 映射关系。

例如：

```
ZDEF 6 LEVELS 1000 850 700 500 300 200
```

（4）TDEF number LINEAR start-time increment

设置网格值与时间的映射关系。其中，number 为数据集中的时次数，用整型数表示。

start-time 为起始日期/时间，用 GrADS 绝对时间表示法，其格式为 hh:mmZddmmmyyyy

其中，hh 为 2 位数的小时，mm 为 2 位数的分钟，dd 为 1 或 2 位数的日期，mmm 为 3 个字符的月份缩写，yyyy 为 2 或 4 位数的年份。hh 默认为 00 时，mm 默认为 00 分，dd 默认为 1 号，月年值不能默认。整个时间串中不能有空格。

例如：

```
12Z1JAN1990
14:20Z22JAN1987
JUN1960
```

increment 为时间增量，格式为 vvkk，vv 表示增量值，是 1 或 2 位的整型数，kk 为增量类型，有如下几种：mn 表示分钟，hr 表示小时，dy 表示天，mo 表示月，yr 表示年。

例如：

```
TDEF  24  LINEAR  00Z01JUN1987  1hr
```

表示共有 24 个时次,起始时刻为 1987 年 6 月 1 号 00Z 时,增量为 1 小时。

注意:即使数据文件中只有一个时次,在数据描述文件的时次说明中也必须给出时间增量,此时可以任意设置时间增量的数值和单位。

5. 变量定义

```
VARS   number
```

表示变量描述开始,同时给出变量个数 number,每个变量描述记录格式如下:

```
Varname levs units description
```

其中,Varname 为由 1 到 8 个字符组成的该变量的缩写名,用于在 GrADS 中访问该变量,该名字要求以字母(a~z)开头,由字母和数字组成;levs 与 units 的设置将随着数据格式的不同而变化,对常用的二进制数据来说,levs 为整型数,表示该变量在本数据集中含有的垂直层数,该数不可大于 ZDEF 中给出的垂直网格层数,0 表示该变量只有一层,并且不对应于垂直层,如地表变量;units 为以后使用预留,暂时设为常数 0 或者 99;description 为一段说明该变量的字符串,最多 40 个字符。最后一个变量罗列完,用 ENDVARS 表示数据描述文件结束。

注意:数据描述文件中的所有记录均不区分大小写。

4.5　编写 gs 文件

4.5.1　gs 文件的基本内容

'Open ∗.ctl'	打开数据文件
'Set'	各类选项设置及各种环境参数
'Display(d)'	表达式对表达式处理后的图形显示
'Clear(c)'	清屏
'Define'	临时变量=表达式定义临时变量
'Query(q)'	系统环境设置的查询
'Enable print'	图元文件打开(创建)存放图元数据的磁盘文件
'Print'	将图形转化为图元数据
'Disable print'	关闭图形输出
'Quit'	退出 GrADS 系统
'Modify'	将自定义的变量声明为气候值,用于后面的时次代换
'Draw'	低级绘图指令
'run ∗.gs'	run 命令用于执行文件 ∗.gs 中定义的操作
'reset'	清除所有 set 命令的设置

(1) open 命令用于打开 GrADS 的数据文件,启动 GrADS 后首先需要打开至少一个

数据描述文件。命令如下：

```
open<路径>数据描述性文件
ga->open test.ctl
ga->sdfopen test.nc
ga->xdfopen test.ddf
```

（2）set 命令用于设置各种环境参数，包括维数环境、图形类型、图形要素、屏幕显示等。

（3）display 命令是在表达式处理后进行屏幕图形显示。最简单的表达式是变量名的缩写。

具体命令如下：

```
ga->diasplay u              一个要素
ga->d u ;v.2                两个要素
ga->d u;v.2;mag(u,v.2)      三个要素
```

（4）clear 是清屏命令，清除图形窗口的内容。

具体命令如下：

```
ga->clear
ga->c
```

（5）define 命令用于定义新的变量，所定义的新变量可以用于随后的表达式中。

例如：

```
ga->[define]tyr=ave(temp,t=1,t=12)
```

（6）query 是系统环境设置的查询命令。

例如：query define：可知道定义了哪些变量。

dims：当前的维数环境。

file n：查询第 n 号描述文件的内容。

files：打开 n 个文件的次序。

gxinfo：用在 d 之后，告诉用户图的一些信息。

shades：用在 d 之后，告诉用户阴影的一些信息。

time：时间设置信息。

（7）生成图形文件的命令。

① 第一种方法（print 命令）：

```
enable print<路径> * .gmf    打开磁盘文件，用于存放当前屏幕上的显示图形的图元数据
print                       执行输出，将结果存于指定文件 * .gmf 中
disable print               只有执行了 disable 命令后，print 命令的结果才真正存于文
                            件中
```

② 第二种方法（printim 命令）：

```
printim <路径>filename option
```

printim 命令在 GrADSv1.8 以上版本有效,可以在批处理文件中使用。

filename:输出的目标文件名,若已经存在,则将其覆盖,文件后缀名可以是 png、gif、jpg。

options:有多个选项时可以以任意次序排列。选项如下:

gif:输出 GIF 格式文件(默认为 PNG)。

black:采用黑色背景(默认为当前的 display 设置)。

white:采用白色背景(默认为当前的 display 设置)。

xnnn:水平方向为 nnn 个像素。

ynnn:垂直方向为 nnn 个像素。

例如:

输出 1000×800 图像像素的 PNG 图像:

```
printim out.png x1000 y800
```

输出 1000×800 图像像素的白色背景的 GIF 图像:

```
printim out.gif x1000 y800 white
```

(8) reset 命令用于清除掉所有 set 命令的设置,但 open 命令仍起作用。

```
ga->reset
```

(9) draw 是低级绘图指令,可以直接对所指定的图形元素进行操作,如绘制字符串、直线、标记符号等。

4.5.2 系统运行环境的参数设置和功能定义

1. 维数环境设置

虽然在数据描述文件中给出了各物理变量数组的时空维数范围,但在 GrADS 运行环境中还需设定全数据集中参与操作的部分或全部数据集的维数情况,以供以后的表达式、显示命令等使用,这就是维数环境的设置。

(1) 维数环境的概念

在维数环境表达式中 (x,y,z,t) 与 (lon,lat,lev,time) 是分别对应于两套坐标的专用维数变量,含义固定,如 x 与 lon 都指西到东指向的(默认方向)水平坐标,y 与 lat 都指南到北指向的(默认方向)水平坐标,z 与 lev 都指从地面到高空的(默认方向)垂直坐标,t 与 time 都是时序坐标,不过 t 用的是格点时次序号,而 time 用的是格林威治标准时间 GrADS 绝对表达式。

(2) 设置的作用

GrADS 中设置维数用以说明或指定随后的分析或图形操作时参加操作的原始数据集的维数范围。该工作数据集可以是整个原始数据场,也可以是原始数据场的一部分。

（3）维数环境的定义

第一种是地球坐标（world coordinate），以经纬度为度量单位。

形式如下：

```
set lon|lat|lev|time val1 <val2>
```

第二种是格点坐标（grid coordinate），以网格点数为度量单位。

形式如下：

```
set x | y | z | t val1 <val2>
```

说明：|符号表示前后各项是可互换的任意选项，＜＞表示任意选项，不一定出现，以后同。

两者对应同一数据，只是前者为地球坐标，后者是网格坐标。地球坐标的单位分别如下：水平空间单位为度，经度方向默认为由西向东，东经为正，西经为负或用大于 180°表示；纬度方向默认为由南向北，南纬为负，北纬为正。垂直方向由下向上，单位为百帕。时间用绝对时间格式，格点坐标用网格点数直接表示。Val1 表示起始坐标，Val2 表示终止坐标，不出现 Val2 时表示该维数方向是固定维数，规定 Val1＞Val2，两种坐标可以混用，其内部对应于同一数组维数环境。

（4）举例

```
Set lon-180 0                     设定经度变化从西经 180°至 0°
Set lat 0 90                      设定纬度变化从赤道至北纬 90°
Set lev 500 or set lev 500 10     设定高度维数固定为 500hPa 等压面
Set t 1 or set time jan1998       设定时次固定为数据集中第一个时次
```

可通过数据控制文件中的 format 或 options 选项设定原始数据独处时的顺序，以改变纬度方向为由北到南，垂直方向为由上到下。

（5）当所有维数都固定时，得到一个单值数据点，如果只有一维变化，得到的是一维数据线，屏幕显示为一条曲线；二维发生变化时对应于二维剖面，屏幕显示默认时表达为二维平面图，也可以显示为一维曲线的动画序列；三维发生变化时 GrADS 解释为一个二维剖面的序列，屏幕显示时需设定一维作为动画维（通常是时间维），以动画方式显示；四维变化时只适用 GrADS 中的个别命令，不能以图形方式显示。总之，图形的输出只能以二维或者一维方式表达。

2. 地图投影设置

（1）set mproj proj

设置当前地图的投影方式。

proj 的取值包括：

latlon：默认设置，用固定的投影角进行 Lat/lon 投影。

scaled：用不固定的投影角进行 latlon 投影，地图比例失效。

nps：北半球极地投影。

sps：南半球极地投影。

off：同 scaled 设置，但不画出地图，坐标轴也不代表 lat/lon。

robinson：robinson 投影（x：−180,180；y：−90,90）。

lambert：lambert 投影。

（2）set mpvals lonmin lonmax latmin latmax

设置极地投影时经度和纬度值的取值范围，默认时取当前维数环境。

（3）set mpdset ＜lowres｜mres｜hires｜nmap＞

设置地图数据集。lowres 默认为低分辨率地图集，mres(hires)为中（高）分辨率地图集，nmap 为北美地图集。

（4）set poli on｜off

在 mres 或 hires 地图集中开关选择是否使用行政边界，默认设置为 on。

（5）set map color style thickness

设置地图背景的颜色 color、线型 style 和线宽 thickness。

（6）set mpdraw on｜off

若选 off 则不绘地图背景，但地图标尺仍起作用。

（7）举例

① Latlon，如图 4-4 所示。

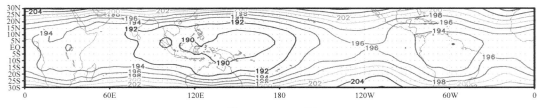

图 4-4　Latlon 图

② Scaled，如图 4-5 所示。

③ nap，如图 4-6 所示。

3. 图形类型设置

当维数环境确定后，在默认情况下，一维变量输出的图形为单线图，二维变量为等值线图，改变默认图形输出类型的命令如下：

```
set gxout graphics_type
```

（1）格点数据

contour：二维等值线（默认设置）。

shaded：二维填色图。

grid：二维场不绘图，以网格形式在各网格点中央标出该点数值。

vector：以矢量箭头形式绘制二维风场（默认设置）。

stream：以流线形式绘制二维风场。

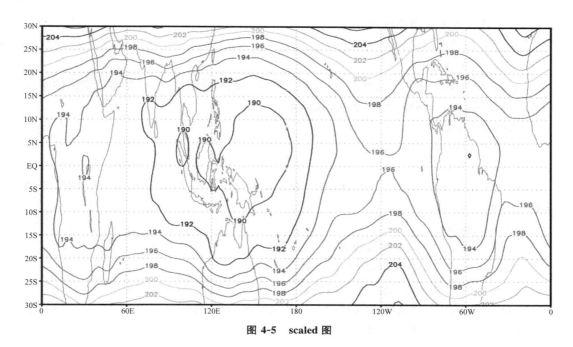

图 4-5 scaled 图

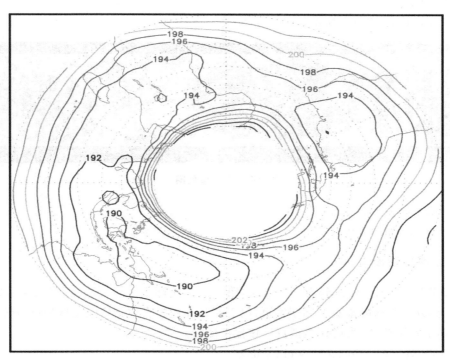

图 4-6 nap 图

barb: 以风向杆形式绘制二维风场。

bar: 对一维场不绘制单线图,而是绘制直方图。

line：对一维场绘制单线图。

linefill：两单曲线之间填色。

errbar：单线图及误差分布。

fgrid：用指定颜色填充二维格点场，对二维场不绘制等值线图，只是将特定值的格点用指定的颜色填充该网格，与命令 set fgvals Val col 合用。

用法：set gxout fgrid

　　　set fgvals val1 col1

　　　set fgvals val2 col2

fwrite：图形不在屏幕上显示，而是将输出结果存入一个由"set fwrite 文件名"所指定的文件中。

（2）站点数据

value：在各站点标值（默认设置）。

barb：在各站点绘制风向标（默认设置）。

findstn：搜索最近的站点（详见描述语言部分）。

model：以天气图形式将天气观测各分量填放在站点四周。

wxsym：绘制 wx 天气符号。

（3）举例

① Shaded，如图 4-7 所示。

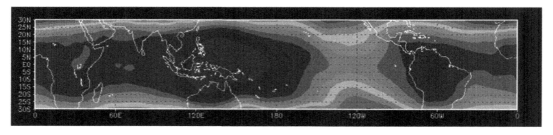

图 4-7　二维填色图

② Grid，如图 4-8 所示。

③ Vector，如图 4-9 所示。

4. 绘图区域设置

GrADS 的绘图工作区分为三个层次，第一层是实际页（real page）；第二层是虚拟页（virtual page），默认时虚页等同于实页；第三层是在虚拟页中指定绘图区域（parea），即默认时等同于实际英寸，当设置虚拟页后按比例度量。

（1）set vpage xmin xmax ymin ymax

通过定义在实际页上的一个或多个虚拟页控制绘图的数目和大小。该命令在实际页上用 xmin、xmax、ymin、ymax（英寸）设置了一个虚拟页，随后的所有图形都输出到这张虚拟页上（单位为虚拟页英寸），直到下个 set vpage 命令的出现。

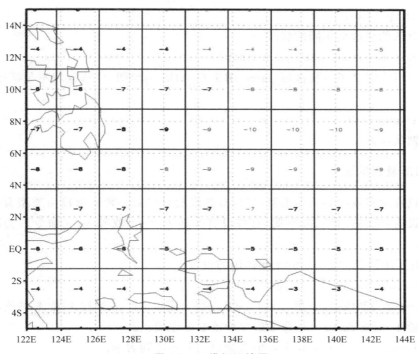

图 4-8 二维场不绘图

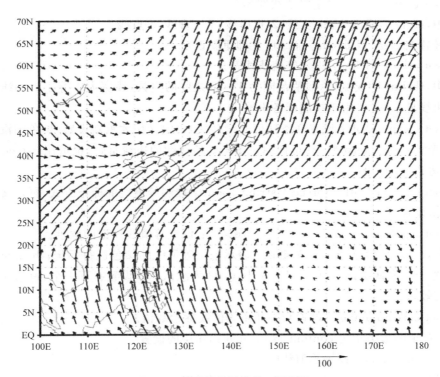

图 4-9 矢量箭头形式绘二维风场

（2）set vpage off

回到默认的实虚页相同的状态。

（3）set parea xmin xmax ymin ymax

在虚拟页中定义了一块区域 parea 用于 GrADS 的绘图，但该区域不包括标题、坐标轴标记等。

（4）set parea off

回到默认状态。

5. 图形要素的设置

有些设置对多数图形输出类型有效，有些设置只对某一种图形输出类型有效。有些设置一旦设定，则会一直保持不变，有些设置在输入 clear 或 display 命令后会回到默认设置状态。

（1）对于图形类型为 contour 起作用的设置

• set ccolor color：设置等值线颜色。

其中，color 为颜色号：0-黑，1-白，2-红，3-绿，4-蓝，5-青，6-洋红，7-黄，8-橘黄，15-灰。

该设置在 clear 或 display 命令后立即重新设定颜色。

• set ccolor rainbow：设定等值线颜色用七彩序列表示。

• set cstyle style：设定等值线线型。

其中，style 为线型号：1-实线，2-长虚线，3-短虚线，5-点线。

该设置在 clear 或 display 命令后立即重新设定。

• set cthick thckns：设定等值线线宽。

其中，thckns 为线宽值，取值范围为 1～10 之间的整数，线宽大于等于 6 的线条在屏幕上用粗线显示，主要用于控制硬备份输出。

• set cterp on|off：设置样条插值光滑开关，再定义后才重新设置，填色图没有样条光滑，设定 cterp 为 off 可使填色图与等值线图的边缘重合，也可用 csmooth 选项达到上述目的。

• set clab on | off | forced | string | auto：控制等值线的标记方式，再定义后才重新设置。

• set clopts color <thickness <size>>：设置等值线标记的颜色。

其中，color 是颜色号，−1 为默认，表示采用等值线的颜色进行标记；thickness 为标记的线宽，−1 为默认；size 为标记的大小，0.09 为默认。该设置在下一个 set clopts 命令前一直有效。

• set clskip number：设置间隔几条等值线标示数值。

（2）对于图形类型为 contour 或 shaded 起作用的设置

• set cint value：设置等值线间隔。

该设置在 clear 或 display 命令后立即重新设置。

• set clevs lev1 lev2 …：设置特定的等值线值。

只绘制 lev1,lev2 等值所在的等值线,用于不等间隔绘图,该设置在 clear 或 display 命令后立即重新设置。

- set ccols col1 col2 …：设置对应于 set clev 命令设定的特定等值线的颜色,该设置在 clear 或 display 命令后立即重新设置。

默认的彩虹颜色号序列为 9,14,4,11,5,13,3,10,7,12,8,2,6。

- set csmooth on|off：设置是否将网格值重新进行插值。

如果取 on,则在绘制等值线图前用三次插值将现网格值插到更精细的网格上,重新设置才改变本次设置。

- set cmin value：设置不绘制低于此 value 值的等值线。

该设置在 clear 或 display 命令后立即重新设置。

- set cmax value：设置不绘制高于此 value 值的等值线。

该设置在 clear 或 display 命令后立即重新设置。

- set cblack val1 val2：设置不绘制介于 val1 和 val2 之间的等值线。

该设置在 clear 或 display 命令后立即重新设置。

（3）对于图形类型为 contour、shaded、vector、stream 起作用的设置

- set strmden value：设置流线密度。

其中,value 的取值范围为 1~10 的整数,5 为默认设置值。

- set rbcols color1 color2 <color3> …：设置新的彩虹颜色序列。

其中,color1,color2 等可以用 set rgb 命令定义新的颜色号,该新的彩虹颜色序列在随后的彩虹颜色调用中取代原默认的彩虹颜色序列,重新设置后才改变原设置。

- set rbcols auto：启用内定的彩虹颜色。

重新设置后才改变原设置。

- set rbrange low high：设置彩虹颜色序列对应的等值线的取值范围。

默认时,最低值和最高值对应取为变量场的最小值和最大值,clear 命令后立即重新设置。

（4）对于图形类型为 line 起作用的设置

- set ccolor color：设置线条的颜色号。

该设置在 clear 或 display 命令后立即重新设置。

- set cstyle style：设置线条类型。

该设置在 clear 或 display 命令后立即重新设置。

- set cmark marker：设置线条上的标记符号。

其中,marker 为标记符号值：0-无标记,1-叉号,2-空心圆,3-实心圆,4-空心方框,5-实心方框。该设置在 clear 或 display 命令后立即重新设置。

- set missconn on|off：默认设置时,线条在缺测资料点断开,设置 set missconn on 将连接缺测资料点。

（5）对于图形类型为 bar 起作用的设置

- set bargap val：以百分比值设定直方条之间的间隔。

其中,val 取值为 0~100,默认值为 0,即无间隔,当 val 取 100 时直方图退化为垂直

线条直方图。

- set barbase val|bottom|top

如给出 val 值,则各直方条从该值处开始绘制(向上和向下),所绘制的直方条取值于 y 轴坐标尺度之内;如给 bottom,则各直方条从图框底边向上绘出;如给 top,则直方条从图框顶边向下绘出。

（6）对于图形类型为 grid 起作用的设置

- set dignum number：设置小数点后的位数为 number。
- set digsize size：设置数字的字符大小,size 单位为英寸,通常取 0.1～0.15。

（7）对于图形类型为 vector 起作用的设置

- set arrscl size ＜magnitude＞：设置矢量箭头的长度为 size 英寸(虚拟页英寸)。

通常 size 取为 0.5～1.0;选项 magnitude 为设定矢量箭头的大小。默认时所有矢量同长,该设置在 clear 或 display 命令后立即重新设置。

- set arrowhead size：设置箭头大小。

size 值通常取为 0.05,如取为 0,则不绘制箭头的头;如取为负值,则箭头大小与矢量值呈比例(张角的大小)。

（8）对于图形类型为 fgrid 起作用的设置

- set fgvals value color ＜value color＞ ＜value color＞…：对取值为 value 的网格点用颜色为 color 的色块标记该网格,每个格点的值取法是四舍五入,要绘制出的值点必须逐个列举出,未列出的值不绘图。

6. 字符属性设置

（1）set line color＜style＞＜thickness＞

设置线条属性,包括:

- 颜色号 color：0-黑,1-白,2-红,3-绿,4-蓝,5-青,6-洋红,7-黄,8-桔黄,15-灰。
- 线型号 style：1-实线,2-长虚线,3-短虚线,4-长短虚线,5-点线,6-点虚线,7-点点虚线。
- 线宽 thickness：值为 1～6。

（2）set string color ＜justification＞＜thickness＞＜rotation＞

设置字符串属性,其中颜色号 color 和线宽值 thickness 同上,整版值 justification 分别为 tl 上左,tc 上中,tr 上右,其余类推,表示字符串在 draw string 命令中坐标 x、y 相对于字符的方位。示意如下:

tl　　tc　　tr

l　　c　　r

blbcbr

（3）setstrsizhsiz＜vsiz＞

设置字符大小,hsiz 是字符的水平宽度值,单位为虚拟页英寸;vsiz 是字符高度值,如不给出 vsiz 其默认值同 hsiz。

（4）set rgb color－number red green bule

定义新的颜色号,颜色号 color—number 取值范围为 16～99(0～15 已被 GrADS 系统预定义),red、green 和 blue 表示该颜色号所定义的三原色分布,取值范围都是 0～255,例如:set rgb 50 255 255 255 255 表示 50 号颜色,彩色实际为白色。

7. 坐标要素控制

(1) set zlog on|off

对 z 维数方向取对数尺度的开关。on 表示 z 维数方向取对数尺度,重新设置后才改变原设置。

(2) set xaxis|yaxis start end <incr>

设置坐标轴(x 轴或 y 轴)的坐标从起始值 start 到结束值 end,并用 incr 作为刻度的增量,标尺可与所绘制的数据和维数无关。

(3) set grid on | off | linestyle | horizontal | vertical | color

控制是否绘制网格线。on 绘制网格(默认),off 不绘制网格;color 和 linestyle 为网格线的颜色和线型,默认时,color 为 15(灰),linestyle 为 5(点线);horizontal 表示只绘制水平网格线;vertical 表示只绘制垂直网格线。

(4) set xlopts color <thickness < size >>

设置 x 轴和 y 轴的颜色、线宽和字符大小。其中,xlopts 控制 x 坐标轴,ylopts 控制 y 坐标轴;color 为坐标轴标尺的颜色号(默认为 1);thickness 为坐标轴标尺的线宽(默认为 4);size 为坐标轴刻度的大小(默认为 0.12)。

(5) set xlevs lab1 lab2 …

设置 x 轴和 y 轴标尺上要标记的值,该设置不适用于时间坐标轴,在 clear 命令后立即重新设置。

(6) set xlint interval

设置坐标轴的标记间隔 interval。set xlevs/ylevs 可再控制标记的分布,clear 命令后立即重新设置。

(7) set grads on|off

开关选择是否打印 GrADS 的标注。

8. 动画显示设置

(1) set loopdim x|y|z|t

设定一维为动画维,动画显示其二维场图形,默认时指对时间维制作动画。

(2) set looping on|off

三维以下变量要用动画显示时需设置动画显示操作 on,完成后需关闭动画 off。

9. 系统参数设置

(1) reset

除了以下各项外,重新初始化 GrADS 设置(即回到原默认值初始设置)。

不关闭打开的文件。

不释放定义的对象。

不改变 set display 命令设置的状态。

(2) reinit

同 reset,但同时关闭所有打卡的文件,并释放所有定义的对象,如临时定义变量等。

(3) set display grey|greyscale|color<black|white>

设置显示状态,默认为七彩色,black 表示荧光屏背景为黑色(默认值)。

(4) set stid on|off

开关选择是否显示站点代码。

(5) set gxout findstn

设置图形类型为匹配所搜索的最近站点模型,在随后的 display 命令中始出三个参数,第一个是站点数据,第二个和第三个始出屏幕上的(x,y)坐标,GrADS 自动搜索距(x,y)点最近的站点,并打印出该站的代号和经纬度。

(6) set dbuff on|off

双缓冲区开关,用以控制动画显示,自制动画。

(7) swap

双缓冲区打开后用于交换文件缓冲区,通常的用法如下:

```
sct dbuff on
loop......>
display something
swap
< ......endloop
set dbuff off
```

4.5.3 实例应用

(1) 绘制填色图和等值线,图形类型为 shaded 型和 contour 型,编写的 gs 文件如下:

```
* 设置系统回到初始状态
'reinit'
'open D:\ziliaoer\omega22.1.ctl'
'enable print D:\ziliaoer\omega22.1.gmf'
'set lat 10 50'
'set lon 100 150'
'set xlevs 100 115 130 145'
'set ylevs 10 25 40'
* 取消 x 轴
'set xlab off'
* 设置 y 轴的颜色、线宽和字符大小
'set ylopts 1 0 0.24'
```

```
'set t 1'
```
* 在虚拟页中定义一块区域 parea 用于绘图
```
'set parea 1.0 10.2 0.8 7.8'
```
* 设置出图类型为 shaded 型
```
'set gxout shaded'
```
* 不输出 GrADS 的标注
```
'set grads off'
```
* 用户自定义颜色号
```
'set rgb 23 183 195 247'
'set rgb 24 130 148 222'
'set rgb 25 102 120 197'
'set rgb 26 75 95 176'
'set rgb 27 55 74 151'
'set rgb 28 39 55 120'
'set rgb 29 18 29 74'
'set rbcols 23 24 25 26 27 28 29'
```
* 设置特定的等值线
```
'set clevs -12 -10 -8 -6 -4 -2 0'
```
* 设置等值线之间填充的颜色,对于 shaded 来说,颜色号数目应该比等值线数目多一个
```
'set ccols 29 28 27 26 25 24 23 0'
'd omega * 100'
```
* 在图形下方标注色标
```
'cbarn 1.0 0'
```
* 设置出图类型为 contour 型
```
'set gxout contour'
```
* 设置精确网格插值
```
'set csmooth on'
```
* 自定义颜色号
```
'set rgb 21 3 42 200'
```
* 起用自定义颜色
```
'set rbcols 21'
```
* 设置等值线线宽
```
'set cthick 7'
```
* 设置等值线颜色
```
'set ccolor 21'
```
* 设置等值线标记的颜色、粗细、大小
```
'set clopts 0 0.1 0.2'
'd omega * 100'
'draw title-1'
'print'
'disable print'
'c'
```

本实例所得的图形文件 omega22.1.gmf 的最终效果如图 4-10 所示。

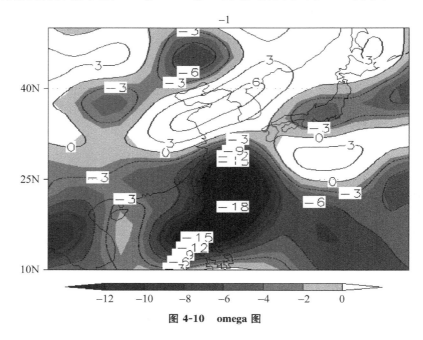

图 4-10　omega 图

（2）绘制垂直剖面图、填色和等值，图形类型为 shaded 型和 contour 型，编写的 gs 文件如下：

```
'reinit'
'sdfopen c:\tu\hgt.mon.mean.nc'
'sdfopen c:\tu\uwnd.mon.mean.nc'
'sdfopen c:\tu\vwnd.mon.mean.nc'
'set lon 0 180'
'set lat 0 60'
'set lev 1000 10'
* 下一步,用 nc 文件中的数计算出 b 和 c,此处忽略
* 相对涡度的函数
'define vor=hcurl(b,c)'
'set parea 1.0 10.2 0.8 7.8'
'set font 1'
'set grads off'
*  These are the BLUE shades
'set rgb 16 0 0 255'
'set rgb 17 23 23 255'
'set rgb 18 46 46 255'
'set rgb 19 69 69 255'
'set rgb 20 92 92 255'
'set rgb 21 115 115 255'
```

```
'set rgb 22 138 138 255'
'set rgb 23 161 161 255'
'set rgb 24 190 190 255'
*  These are the RED shades
'set rgb 25 255 190 190'
'set rgb 26 255 167 167'
'set rgb 27 255 144 144'
'set rgb 28 255 121 121'
'set rgb 29 255 98 98'
'set rgb 30 255 75 75'
'set rgb 31 255 52 52'
'set rgb 32 255 29 29'
'set rgb 33 255 0 0'
'set rbcols 21 22 23 24'
'set lat 20 50'
'set lon 110'
'set lev 1000 10'
'set clevs-4-2 0 2 4'
'set ccols 17 20 24 25 29 32'
'set xlevs 25 35 45'
'set ylevs 1000 850 500 200'
'set xlopts 1 0 0.24'
'set ylopts 1 0 0.24'
'set gxout shaded'
'd vor * 100000'
'cbarn'
'set gxout contour'
'set csmooth on'
'set cthick 7'
'set ccolor 1'
'set clopts 0 0.1 0.2'
* 设置等值线间隔
'set cint 0.3'
'd vor * 100000'
'draw title The vorticity of more abnormal precipitation'
* 图片背景为白色
'printim c:\tu\vormax.png white'
'c'
```

本实例所得的图形文件 vormax.png 的最终效果如图 4-11 所示。

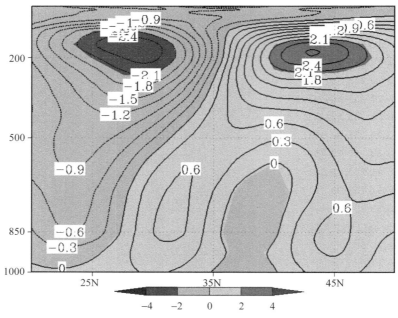

图 4-11　vorticity 垂直剖面图

第 5 章

Fortran 95 程序设计

5.1　Fortran 95 简介

5.1.1　Fortran 发展过程

Fortran 源自于"公式翻译(英文为 FormulaTranslation)"的缩写,是一种编程语言。它是世界上最早出现的计算机高级程序设计语言,广泛应用于科学和工程计算领域。FORTRAN 语言以其特有的功能在数值、科学和工程计算领域发挥着重要作用。Fortran 90 之前的版本是人们所知晓的 FORTRAN(全部字母大写),从 Fortran 90 以及以后的版本都写成 Fortran(仅第一个字母大写)。

1951 年,美国 IBM 公司的约翰·贝克斯(John Backus)针对汇编语言的缺点着手研究开发 FORTRAN 语言。

1980 年,FORTRAN 77 被 ISO 正式确定为国际标准 ISO 1539—1980,该标准分全集和子集。在 FORTRAN 77 推出后,由于具有结构化特征,在社会上得到了广泛应用,同时由于其扩充了字符处理功能,在非数值处理领域也能大显身手。20 世纪 80 年代末,FORTRAN 77 结构化和现代化的研究开始兴起。

1991 年,ANSI 公布了新的美国国家标准 Fortran (ANSI 3. 198-1991)。之后,ISO 采纳了该标准,并确定为国际标准 ISO/IEC 1539-1：1991,新国际标准还采纳了中国计算机和信息处理标准化技术委员会程序设计分会提出的多字节字符集数据类型及相应的内部函数,为非英语国家使用计算机提供了极大的方便。通常将新标准称为 Fortran 90,Fortran 90 向下兼容 FORTRAN 77。之后不久又出现了 Fortran 95。Fortran 90 的推出,使传统 Fortran 语言具有了现代气息。

5.1.2　Fortran 的主要版本及差别

纵观 Fortran 的发展历史,Fortran 编译器的版本其实很多。现在广泛使用的是 Fortran 77 和 Fortran 90。Fortran 90 在 FORTRAN 77 的基础上添加了不少使用的功能,并且改良了 FORTRAN 77 编程的版面格式,所以编程时推荐使用 Fortran 90。鉴于很多现成的程序只有 FORTRAN 77 版本,有必要知道 FORTRAN 77 的一些基本常识,至少保证能够看懂 FORTRAN 77 程序。以下是 FORTRAN 77 和 Fortran 90 在格式上的一些区别。

Fortran 77：固定格式(fixed format)，程序代码扩展名：f 或 for。

(1) 1～5 列可以数字表明语句标号(用作格式化输入和输出等)；7～72 列为程序代码编写区；73 列可用 & 作为续行符，往后被忽略。

(2) 注释符：若某行以 C、c、* 或者 ! 开头，则说明该行为注释行。

(3) 续行符：过长行可以续行，除73列 & 续下行外，可在 6 列用 "0" 以外的任何字符续上行(当然也包括 &)，习惯使用有顺序便于对上下关系进行记忆的数字；允许 19 个续行。

(4) 调试符：在固定格式和 tab 格式中，居于标号区 1～5 列还可以包含注释符或调试符。字母 D 在第 1 列出现代表调试符。

Fortran 程序纸的具体格式如图 5-1 所示。

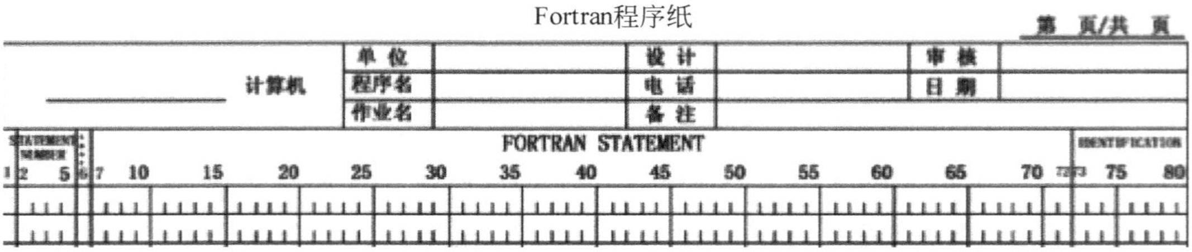

图 5-1　Fortran 程序纸图

Fortran 90：自由格式(free format)。

扩展名：f90

(1) 以 "!" 引导注释。

(2) 每行可有 132 个字符，行代码放在每行前面。

(3) 以 & 续行，放在该行末或下行初；允许 39 个续行。

通用格式：代码可以写成所有格式都能使用的形式，需遵循的规则见表 5-1。

表 5-1　Fortran 代码规则表

空格	认为是有意义的
语句标号	在 1～5 列
注释符	只使用 !，位置在除了 6 列外的任意列
续行符	只使用 !，位置在开始行 73 列和以后各续行 6 列
语句	7～73 列

5.1.3　Fortran 语言的编译环境

在 Windows 操作系统下，Fortran 语言的编译器有：

(1) Fortran Power Station 4.0 (FPS 4.0)，微软公司开发的 Fortran 编译器。

（2）Digital Visual Fortran（DVF），Fortran Power Station 的 DEC 公司版本。

（3）Compaq Visual Fortran（CVF），1998 年 1 月，DEC 公司被康柏公司收购，Digital Visual Fortran 更名为 Compaq Visual Fortran。一个著名的版本是 Compaq Visual Fortran 6.5。2002 年，康柏公司已并入惠普公司。Compaq Visual Fortran 的最新版是 6.6 版本。

5.1.4　Visual Fortran 6.6 介绍

Visual Fortran 被组合在一个称为 Microsoft Visual Studio 的图形接口开发环境中。Visual Studio 提供一个统一的使用接口，这个接口包括文字编辑功能、Project 的管理、调试工具等。而编译器则是使用类似 PlugIn 的方法组合到 Visual Studio 中，程序员在使用 Visual Fortran 或 Visual C++ 时，看到的都是相同的使用接口。

Visual Fortran 6.6 除了完全支持 Fortran 95 的语法外，在扩展功能方面提供完整的 Windows 程序开发工具，专业版还内含 IMSL 数值链接库。另外它还可以和 Visual C++ 直接相互链接使用，也就是把 Fortran 和 C 语言的程序代码混合编译成同一个运行文件。Visual Fortran 6.6 对 64 位系统的兼容性不够，偶尔会出现兼容性错误。

适用安装环境：Windows XP，Windows 7 32 位和 64 位，Windows 8（Windows 7/8 64 位在安装时，需要选择安装光盘中 x86 文件夹中的 Setup. exe 进行安装）。

安装 Compaq Visual Fortran 后，运行 Developer Studio 就可以开始编译 Fortran 程序了。

1. 安装

Visual Fortran 的安装过程应该不需要详细介绍，在此只有三点建议。

（1）除非硬盘空间不够，否则请务必安装帮助文件。

（2）最好不要使用默认的目录位置安装，默认目录是 C:\program files\microsoft visual stdio，建议可以取一个较短的名字直接放在根目录下，例如使用 C:\MSDev。

（3）安装到 90% 时，会出现对话框询问是否要更新一些环境参数的值以方便命令行使用，建议单击 OK 按钮更新。

2. 程序调试方法和步骤

Visual Fortran 6.5 界面及功能介绍如图 5-2 所示。

程序调试共有两种方法。方法一：直接编译调试 f90 文件；方法二：建立项目，直接编译。

（1）直接编译调试 f90 文件

① 建立 f90 文件，如图 5-3 所示。

② 输入代码，如图 5-4 所示。

③ 保存文件（文件路径不能包含中文）。

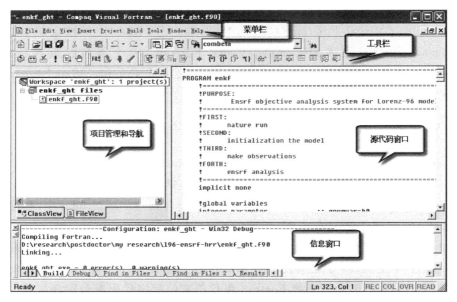

图 5-2　Visual Fortran 6.5 界面及功能介绍图

图 5-3　建立 f90 文件图

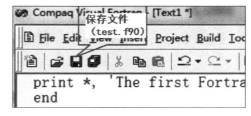

图 5-4　输入代码图

④ 编译(确保信息窗口无错误提示)。如果没有同名项目,则会提示自动新建一个工程项目(请单击"是"按钮),编译示意如图 5-5 所示。如果提示有同名项目,则仍单击"是"按钮,原有项目将会被覆盖,编译示意图如图 5-6 所示。

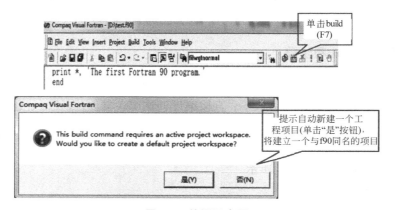

图 5-5　编译示意图

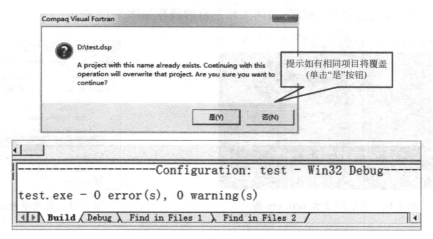

图 5-6 编译示意图

⑤ 运行：当编译无错误时，叹号由灰色变为红色，表示该程序已编译完成，可执行。运行代码如图 5-7 所示。

⑥ 运行结果：运行后会另外弹出一个结果窗口，执行结果如图 5-8 所示。

图 5-7 运行代码示意图

图 5-8 执行结果示意图

（2）建立项目，编译调试

① 创建目录。

② 创建源文件。

③ 编译源文件。

④ 链接源文件。

⑤ 执行程序。

方法一和方法二的本质是一致的，都是基于 f90 源程序文件建立项目，然后编译→运行。方法一是 CVF 编译环境的方便之处，而在 Intel fortran 编译环境中，必须使用方法二，首先建立项目后才能调试程序。

运行成功后，源程序的目录如图 5-9 所示。

其中 Debug 目录下包含的可执行文件 text. exe 如图 5-10 所示。

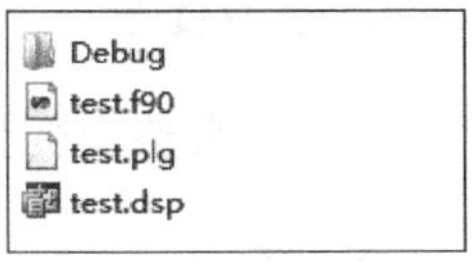

利用命令行进入 Debug 目录运行 test. exe，效果和单击运行按钮相同。

注意，如果当前已打开一个项目，要运行另外一个 f90 文件时，必须把当前项目关闭，

图 5-9 源程序目录图

否则将继续运行之前的 f90 程序,关闭工作平台的操作如图 5-11 所示。

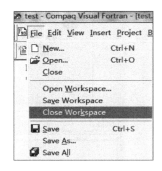

图 5-10 可执行文件 text.exe 图   图 5-11 关闭平台图

5.2 Fortran 数据类型

5.2.1 Fortran 数据类型的概念

数据类型是指使用 Fortran 在计算机内存中记录文本、数值等数据的最小单位及方法。

Fortran 提供了以下一些数据类型,由这些数据类型可以构造出不同的数据结构。

Fortran 的数据类型分为两大类,内部数据类型和派生数据类型。其中内部数据类型又分为数值型和非数值型。数值型包括整型、实型和复型。非数值型包括逻辑型和字符型。

5.2.2 整型数据(INTERGER)

1. 整型常量

整型常量的类型分为两种,长整型与短整型。在个人计算机中,长整型占用 32b(4B) 的空间,长整型可以保存的数值范围在 $-2\,147\,483\,648 \sim +2\,147\,483\,647$ 之间($-2^{31} \sim 2^{31}-1$),而短整型占用 16b(2B) 的空间,保存的数值范围在 $-32768 \sim +32767$ 之间($-2^{15} \sim 2^{15}-1$)。有的编译器还可以提供一种更短的整型类型,只占 8b(1B) 的空间,可以保存 $-128 \sim +127$ 之间的整数。

2. 整型变量

显式声明整型变量的一般形式如下:

```
INTEGER i
INTEGER([KIND=]n) i
```

种别参数 n 可取值为 1、2、4、8。

种别参数(KIND)是 Fortran 90/95 新添加的特性,它通过规定存储数据所用的内存字节数控制数据的取值范围，1、2、4、8 为整数在内存中的存储字节数。不同种别参数的整数取值范围见表 5-2。

表 5-2　整数取值范围

参　　　数	整型取值范围
INTEGER(1)	−128～127
INTEGER(2)	−32768～32767
INTEGER(4)	−2 147 483 648～2 147 483 648
INTEGER(8)	−9 223 372 036 854 775 808～9 223 372 036 854 775 808

如果种别参数没有特别规定，则取默认值；而默认值受编译器选项影响，若没有编译器选项规定，则 32 位系统的默认值为 4。

以下为合法声明整型语句：

```
INTEGER: 短整型 KIND=2, 长整型 KIND=4
INTEGER([KIND=]2) :: A=3
```

如果声明成 INTEGER::A，则默认为长整型。::在声明并同时赋初值时必须书写；类型名后面有属性说明时也必须保留::；其他情况可略去属性说明，如声明常数：

```
REAL, PARAMETER :: PI= 3.1415926   !PARAMETER
```

为属性说明。

5.2.3　实型数据(REAL)

1. 实型常量

实型常量即实型常数或简称为实数。它有以下两种形式：

(1) 小数形式：具有 3 种不同格式，分别是：m. n、m. 、. n。数字前面可以加＋和－，默认为＋。小数点.前或后可以不出现数字，但不允许小数点前后都不出现数字，且小数点不可以少，如 4. 、. 2 等。

(2) 指数形式：可以表示一个绝对值非常大或非常小的数，用指数形式表示的实数由数字部分和指数部分组成。E 将数字部分和指数部分分隔，E 的右边是指数部分，E 的左边是数字部分，表示方式是用 E 表示以 10 为底的指数。如 5.35E5 表示 5.35×10^5，2.66E-3 表示 2.66×10^{-3} 等。

用指数形式表示一个实数时应注意：

(1) 数字部分可以是整型或实型常量，如 1E2 和 1.0E2 都表示 100.0，它们是等价的，但它们与 100 是不等价的，因为 100 代表一个整型常量。

(2) E 后面的指数只能是整型常量，如 3E5.2 是错误的指数表示。

（3）E 左右两边的数字部分和指数部分必须同时出现。例如,E9 和 E-2 都是错误的指数表示。

在计算机中存储一个实数(无论是用小数形式表示还是以指数形式表示)时,一律以指数形式存放。

实型常量由三个部分组成:数符、指数(包括符号)和数字部分。数字部分最前面有一个隐含的小数点。用 4B(32b)存储时,1 位存储数的符号,7 位存储指数部分,24 位存储数字部分。由于存储指数部分和数字部分的值长是有限的,因此一个实数的有效数字和数的范围都是有限的。指数的组成部分如图 5-12 所示。

图 5-12　指数的组成部分图

当单精度实数不足以表示一个数的大小或精度时,可以用双精度实数表示,只是将实数指数部分中的字母 E 改为字母 D 即可。例如,6.85746304857D5、.3875479654765D＋3 等都是双精度实数。

以下为合法声明实型常量的语句:

REAL:单精度 KIND＝4(默认),双精度 KIND＝8。

```
REAL([KIND=]8) :: A=3.0 READ * 8 A
```

还有指数的形式,如 1E10 为单精度,1D10 为双精度。

2. 实型变量

显式声明实型变量的一般形式如下:

```
REAL a
REAL([KIND=]n) a
DOUBLE PRECISION a
```

种别参数 n 为 4、8,若没有编译器选项规定,则默认值为 4。双精度实型数相当于 REAL(8),不能再为它规定种别参数。实型取值范围见表 5-3。

表 5-3　实型取值范围表

参　　数	实型取值范围
REAL(4)	±1.175 494 4E～±3.402 823 5E＋38
REAL(8)	±2.225 073 858 507 201E～±1.797 693 134 862 316E＋308

下面为合法声明实型常量语句:

```
REAL(KIND=4) a,b,c,d          !声明 KIND 值为 4 的 4 个实型变量
REAL(8) e                     !声明 KIND 值为 8 的 1 个实型变量
```

```
REAL f                            !声明 KIND 值为 4(默认)的 1 个实型变量
REAL : : h=1.23                   !声明 KIND 值为 4(默认)的 1 个实型变量
                                  !赋初值为 1.23
```

其中,符号: :在声明中可有可无。若有,则可赋初值,否则不可赋初值,赋初值错。如声明语句"REAL h＝1.23"是非法语句。KIND 值为 8 的实型变量为双精度变量,可以由 DOUBLE PRECISION 声明代替,如上述声明语句"REAL(8) e"和"DOUBLE PRECISION e"等价。

5.2.4 复数数据(COMPLEX)

1. 复数常量

复型常量即复型常数或简称为复数。

在 Fortran 中,一个复数用一对圆括号括起来的两个实数表示,其中第一个实数表示复数的实部,第二个实数表示复数的虚部,实部与虚部之间用逗号分隔。如(1.0,1.0)表示复数 $1.0+1.0i$,(2.1,−4.5)表示复数 $2.1-4.5i$,(−6.0,0)表示复数 -6.0。

以下为合法声明复型常量语句:

```
COMPLEX([KIND=]4) B   !使用时 B= (X,Y) X 为实部,Y 为虚部
```

2. 复数变量

显式声明复型变量的一般形式如下:

```
COMPLEX x
COMPLEX ([KIND=] n) x
```

复数类型变量的种别参数 n 为 4、8,若没有编译器选项规定,则种别参数默认值为 4。

以下为合法声明实型变量语句:

```
COMPLEX(KIND=4) a,b,c,d         !声明 KIND 值为 4 的 4 个复型变量
COMPLEX(8) e                    !声明 KIND 值为 8 的 1 个复型变量
COMPLEX f                       !声明 KIND 值为 4(默认)的 1 个复型变量
COMPLEX :: g= (1,2)             !声明 KIND 值为 4(默认)的 1 个复型变量且赋初值为 (1,2)
```

其中,符号: 在声明中可有可无。若有,则可赋初值,否则不可赋初值,赋初值错。如声明语句"COMPLEX g＝(1,2)"是非法语句。

5.2.5 字符型数据

1. 字符型常量

Fortran 语言规定用一对单引号(撇号)或双引号括起来的若干个非空字符串为字符

型常量,又称为字符或字符串,长度为 1 的字符串简称为字符,如：'a'、'A'、'x＋y'、'＃ ＄ ％' 等都是字符型常量。

注意字符串内的字母需要区分大小写,'a'和'A'是不同的字符常量。

(1) 如果字符串中含有撇号,则这个撇号要用两个连续的撇号表示,如'I''m a boy. '。或者单引号和双引号交替使用,如"I'm a boy. "。

(2) 字符串中字符的个数(不包括字符串分隔符)称为字符串长度,长度为 0 的字符串称为空串,字符串中的空格是有意义的。如'I'm a boy. '的长度为 10。"为空串,而'□'则为长度为 1 的字符串,其中□表示一个空格。

以下为合法声明字符型常量的语句：

```
CHARACTER([LEN=]10) C                !LEN 为字符串的长度
CHARACTER * 10 C
```

2. 字符型变量

显式声明字符型变量的一般形式如下：

```
CHARACTER c
CHARACTER (len) c 或 CHARACTER [([LEN=]len)] c
CHARACTER * len c
```

其中,len 为字符串长度,即变量分配的字节数,一个字节存储一个字符,不指定长度值则取长度为 1。

以下为合法声明字符型变量的语句：

```
CHARACTER a                          !声明长度为 1(默认)的一个字符型变量
CHARACTER (8) b,c                    !声明长度为 8 的 2 个字符型变量
CHARACTER (LEN=4) e,f,g              !声明长度为 4 的 3 个字符型变量
CHARACTER * 4 c                      !声明长度为 4 的 1 个字符型变量
```

另外,以下语句是在声明中赋初值的合法语句：

```
CHARACTER :: a='A'                   !a 的初值为"A"
CHARACTER(7) :: a="MAY",c            !a 的初值为"MAY",c 的初值为空串""
```

字符型变量除了可以直接"设置"外,还可以有其他的运行,如改变字符串变量的某一部分,或者将两个字符型变量连接起来。

如程序中的一部分如下：

```
CHARACTER (LEN=15) string1
CHARACTER (LEN=8) string2
CHARACTER (LEN=25) string3
String1="Good morning"
String2="teacher!
Add=string1//string2                 !通过两个连续的除号可以连接两个字符串
```

字符串相关函数见表 5-4。

表 5-4　字符串相关函数表

函 数 名	功　　能
CHAR(num)	返回计算机所使用的字符表中数值 num 所代表的字符(个人计算机使用 ASCII 字符表)
ICHAR(char)	返回所输入的 char 字符在计算机所使用的字符表中代表的编号,返回值是整型
LEN(string)	返回输入字符串的声明长度,返回值是整型
LEN_TRIM(string)	返回字符串去除尾端空格后的实际内容长度
INDEX(string, key)	所输入的 string 和 key 都是字符串。这个函数会返回 key 这个"子字符串"在"母字符串"string 中第一次出现的位置
TRIM(string)	返回把 string 字符串尾端多余空格清除过后的字符串

5.2.6　逻辑型数据

1. 逻辑型常量(**LOGICAL**)

逻辑型常量仅有两个,.TRUE.(真)和.FALSE.(假)。注意:逻辑常量两侧的两个小数点不能省略。逻辑型常量是具有逻辑型数据类型的非数值数据,又称为逻辑值或布尔值。

对于逻辑值.TRUE.,在其存储单元字节内每位为 1,可视为整数值－1,对于逻辑值.FALSE.,在其存储单元字节内每位为 0,可视为整数值 0,它们均能参与整数运算。 如 7＋.FALSE.,结果仍为 7。1＋.TRUE.,结果则为 0。

以下为合法声明逻辑型常量的语句:

```
LOGICAL * 2::D=.TURE. (等价于 LOGICAL(2)::D=.TURE.)
```

2. 逻辑型变量

显式声明逻辑型变量的一般形式如下:

```
LOGICAL L
LOGICAL ([KIND=]n) L
```

种别参数 n 为 1、2、4、8,若没有编译器选项规定,则种类参数默认值为 4。

5.3　Fortran 的基本程序结构

5.3.1　简单程序

以一个简单"Hello Fortran"程序为例。

```
PROGRAM MAIN                    !程序开始,MAIN 是 PROGRAM 的名字,自定义
WRITE(*,*) "Hello"             !主程序
STOP                           !终止程序 END [PROGRAM[MAIN]]
END                            !用于封装代码,表示代码编写完毕。[ ]中的内容可省略,
                               !下同
```

"Hello Fortran"程序的输出结果如图 5-13
所示。

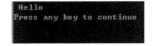

图 5-13 "Hello Fortran"程序输出图

5.3.2 字符集与保留字

1. 字符集

Fortran 规定允许使用的字符如下：

英文字母	A~Z 及 a~z(大小写不区分)
阿拉伯数字	0~9
特殊符号	空格 ＝ ＋ － ＊ ( ) , . ' : " ! & ; < > $? _

应当注意,在 Fortran 语句中不区分大小写字母,在保留字、变量名和函数名中,大小写字母是等价的,如 REAL 和 real 或 Real 是一样的。

2. 保留字

保留字(也称关键字)是 Fortran 90/95 中用于描述语句语法成分或命名哑元名称的特定字符串。

Fortran 90/95 保留字分类如下。

(1) 语句保留字

用于描述语句语法成分的固定的合法单词。

如语句 IF(A<B>THEN)中的 IF 和 THEN 是语句保留字。

类似的保留字有：PROGRAM、INTEGER、REAL、READ、PRINT、WRITE、DO、END、SUBROUTINE、FUNCTION 等。

(2) 变元保留字

命名特定哑元名称的合法单词。

如内部函数 unpack(VECTER,MASK,FIELD)中的 VECTER、MASK、FIELD 是变元保留字。

变元保留字是 Fortran 90/95 特有的性质,Fortran 90/95 对所有的内部函数和过程都规定了变元保留字,它们在有关接口块中做出了具体规定,允许在调用时使用变元保留字。

5.3.3 输入/输出语句

本节只讲表控输入/输出语句。

1. 表控输入语句

（1）表控输入不必指定输入数据的格式，所以又称为自由格式输入，其一般形式如下：

```
READ f,输入项列表
READ(u,f)输入项列表
```

f 是格式说明符，指明了输出所用的格式。

u 是设备号，用于指明具体设备，可以是无符号常量或者整型表达式或者 * 号。

（2）举例

① Program ex001

```
PROGRAM EX001
iINTEGER a
READ(*,*) a                    !由键盘读入一个整数
WRITE(*,*) a                   !显示读进变量 a 的内容
END
```

Program ex001 输入/输出如图 5-14 所示。

程序执行时会出现光标等待用户利用键盘输入数据，在此处等待输入的是一个整数，如果输入英文字母可能会导致宕机。

程序中的第 3 行使用 READ 命令等待用户输入。READ 命令在使用时和 WRITE 一样，都有两个 *。代表的意义近似，第 1 个 * 代表输入的来源使用默认的设备（即键盘），第 2 个 * 代表不指定输入格式。

② Program ex002

```
PROGRAM EX002
READ a,b,c
READ(*,*) a,b,c                !在一行中导入 3 个变量内容
WRITE(*,*) a+b+c
END
```

Program ex002 输入/输出如图 5-15 所示。

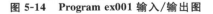

图 5-14 **Program ex001 输入/输出图**   图 5-15 **Program ex002 输入/输出图**

执行时会出现一个光标，用户可以输入 3 个整数，例如"1,2,3"或是"1 2 3"，逗号或

空格可以用来区分数据,或是每输入一个数字按一次 Enter 键。程序最后会输出这 3 个整数相加起来的结果。

(3) 在使用表控输入语句时应注意以下几点。

① 应保证从输入设备上输入数据的个数与 READ 语句输入表中变量的个数相同,各数据类型与相应变量的类型一致。

② 输入数据可分为多行输入,直到输入全部数据。如上例 READ 语句可以分为两行数据输入,还可分为更多行进行数据输入。

③ 输入数据个数要求不少于输入表中变量的个数。如果少于变量个数,则程序将等待用户输入后续数据。如果多于变量个数,则多余的数据不起作用。

④ 使用多个 READ 语句时,每个 READ 语句都是从一个新的输入行开始读数的。

⑤ 输入数据时,可以用符号斜杠/结束输入,为被输入数据的变量保持原值不变。

⑥ 如果 READ 语句中有几个连续的变量要赋予相同的值,则可用重复因子 r,r 表示某一数据重复出现的次数。

⑦ 在一个数之间不能插入空格,因为空格也是两个数据间的分隔符。

⑧ 当变量为整型,而输入的数据为实型时,按出错处理。若变量为实型,而输入数据为整型,则系统自动将输入数据转换为实型再赋值给实型变量。

2. 表控输出语句

表控输出不必指定输出数据的格式,所以又称为固定格式输入,Fortran 提供了两种形式的表控输出语句。

(1) PRINT 输出语句

PRINT 语句只能以计算机系统隐含指定的打印机(或显示器)为设备进行打印输出,其形式如下:

```
PRINT f,输出表
WRITE 输出语句
```

WRITE 语句可以指定以何种设备作为输出的对象(打印机、显示器、驱动器等),其形式如下:

```
WRITE(u,f)输出项列表 !对于字符,Fortran 77 用' ',Fortan 90 中一般用" "和' '
```

(2) 描述字符常量

如 PRINT '(1X,2F7.3)',X,Y。常用的描述符见表 5-5。

(3) 举例

输出"Hello"。

① Program ex003

```
PROGRAM EX003
PRINT * ,"Hello"
STOP
END
```

表 5-5　常用的描述符表

类　型		描述符	一般格式	举　例	说　明
可重复编辑（对输入/输出进行编辑）	整型	I	rIw[.d]	WRITE（＊,"（I5,I3,I5.4)") 100,100000,3 OUTPUT:_100***_003	R 为重复数,为 1 时可省,w 为字段宽度;整型中 d 为至少输出位,不足补,实型中 d 为小数占位数;"－"号小数点均占一位;输出大于设定均为 *
		B,O,Z	R()w	分别为二进制、八进制、十六进制,用法类似 I	
	实型	小数型 F	rFw.d	WRITE（＊,"(F5.2,F4.1,F3.0)") 1.5,−1.05,1.05 OUTPUT:_1.05−1.1***	
		指数型 E	rEw.d	WRITE（＊,"(E15.7)")123.45 OUTPUT:_0.12345600E＋03	
		普通型 G	rGw.d	综合了 F 和 E,可根据实际大小输出	
	逻辑型	L	rLw	真输出 T,假输出 F;输入可以是.TRUE.和.FALSE.和以 F/T 开头的字符串	
	普通型	A	rA[w]	WRITE（＊," （A6, A3)")" HELLO" "HELLO" OUTPUT:_ HELLO HEL	
非重复编辑（直接传递信息）		X 输出空格	nX	WRITE（＊,"(I3,3X)")2008089 OUTPUT:200__19	第一行为 1X 可作纵向走纸符
		/		WRITE（＊,"(I3,I4/I1,I2//)") I,J,M,N 输出第一行为 I,J 值,第二行为 M,N 值,第三空行	换行符,n 个/可以输出 n−1 个空格
		\		WRITE（＊,("INPUT:",\)) READ（＊,＊）VALUE 则提示后还不换行	取消回车换行

Program ex003 输出如图 5-16 所示。

② Program ex004

```
PROGRAM EX004
WRITE（＊,＊）"Hello"
STOP
END
```

Program ex004 输入如图 5-17 所示。

图 5-16　Program ex003 输出图　　　　　图 5-17　Program ex004 输入图

（4）几点说明

① PRINT 语句中的星号（＊）表示从系统隐含指定的输出设备（一般为显示器）上按

隐含规定的标准格式输出数据。WRITE 语句中括号内有两个星号(＊,＊),第一个 ＊ 指出输出的设备,表示在系统隐含指定的设备(打印机或显示器)上输出,此时的 WRITE 和第一个星号的作用就相当于 PRINT。第二个 ＊ 指出输出格式,表示按系统隐含指定的格式输出,与 PRINT 语句中 ＊ 的作用相同。

② 当输出语句中无输出表时,则表示输出一个空白行。例如下面两条语句都表示输出一个空白行:

```
PRINT *
WRITE (*,*)
```

③ 输出表必须由表达式组成,且至少有一个表达式,表达式可以是常量、常数、变量、函数等,也可以是多个不同类型的表达式。输出表前必须有逗号(,)。

④ 每个输出语句都从新的一行开始输出数据,即自动换行。

⑤ 不同的系统表控输出有不同的规定。在人们所用的 Fortran 90/95 系统中,一个实型量的输出占 11 列(1 位小数点,7 位小数)、超过 11 列用实数的指数形式表示;整数按实际长度输出(不超过最大值范围),各数之间用一个空格分开;字符型数据之间无分隔符。

5.4　流程控制与逻辑运算

5.4.1　运算符

1. 算术运算符

(1) 运算符: ＋,－(一元运算符)

＊＊,＊,/,＋,－(二元运算符)

(2) 操作数类型: 任意数值类型与任意种别参数的数值的组合

(3) 算术表达式

Fortran 所使用的数学运算符号,根据运算优先级顺序排列如下:

＋　　　加法　　　　　　－　　　　减法

＊　　　乘法　　　　　　/　　　　除法

＊＊　　乘幂(两个星号要连续)

()　　　括号(表示括号括起来的部分优先计算)

越是下面的符号,运算优先级越高,所以算式中会先计算乘、除,后计算加、减。在程序中编写表达式和手写的差别主要有三点。

① 乘幂要连用两个星号,不能像手写时只要把数字写成上标就可以了,例如 $2\text{^}2$ 必须写成 $2**2$。

② 乘号不能省略,在手写的算式中,(A＋B)(C＋D)和(A＋B)＊(C＋D)是一样的,但写程序时只允许第二种写法,所以 $2*A$ 也不能写成 2A。

③ 除法用计算机编写时没有式(5-1)的表示方法。

$$\frac{(A+B)*(C+D)}{2*(E+F)} \tag{5-1}$$

该算式一定要写成((A+B))*(C+D))/(2*(E+F))的形式才可以。

2. 关系运算符

(1) 运算符:.EQ.,.NE.,.GT.,.GE.,.LT.,.LE. !Fortran 77 用法。
==,/=,>,>=,<,<= !Fortran 90 用法。
运算符的使用情况见表 5-6。

表 5-6　不同运算符使用范围表

关系运算符		运算符功能	操作数要求
.LT.	<	小于	整型表达式;实型表达式;字符型表达式
.LE.	<=	小于等于	整型表达式;实型表达式;字符型表达式
.EQ.	==	等于	整型表达式;实型表达式;字符型表达式;复型表达式
.NE.	/=	不等于	整型表达式;实型表达式;字符型表达式;复型表达式
.GT.	>	大于	整型表达式;实型表达式;字符型表达式
.GE.	>=	大于等于	整型表达式;实型表达式;字符型表达式

(2) 操作数类型:两个操作数或者同时是任意数值类型与任意种别参数的数值,或者同时是具有相同种别参数的任意长度的字符串。

(3) 关系表达式:关系表达式是由算术表达式或字符表达式和关系运算符组成的表达式,格式如下:

表达式 1　关系运算符　表达式 2

下面看一看关系运算符的例子:

```
12>34        ! 结果为.FALSE.
(4+5*2).LE.10              ! 结果为.FALSE.
(4.2,7.3).NE.(7.3,4.2)     ! 结果为.TRUE.
MOD(4,2).EQ.0              ! 4 除以 2 的余数是否等于 0。结果为.TURE.
'banana'<='apple'          ! 结果为.FALSE.
```

'This is a pen.'<='This is a pencil.'!字符".”的 ASCII 为 46,而"c”的 ASCII 为 99,结果为.FALSE.

3. 逻辑运算符

(1) 运算符:NOT.(一元算符)

.AND.,.OR.,.EQV.,.NEQY.(二元算符)

逻辑运算符使用规则:

- .AND. 两边的式子成立，整个条件成立。
- .OR. 两边的式子只要有一个成立，整个条件就成立。
- 仅 .NOT. 可连接一个表达式，其余左右两边都要有表达式（可以是 LOGICAL 类型的变量）；如果后面的式子不成立，则整个式子就算成立。
- .EQV. ：当两边逻辑运算值相同时为真。
- .NEQV. ：当两边逻辑运算值不同时为真。

（2）操作数类型

同时是任意种别参数的逻辑型数据的组合。

（3）逻辑表达式

逻辑表达式的一般形式如下：

逻辑值 1　　逻辑运算符　　逻辑值 2

逻辑运算符有优先级别规定，优先级高低次序如下：

.NOT. , .AND. , .OR. , .XOR. , .EQV. , .NEQV.

其中：.XOR. , .EQV. , .NEQV. 的优先级相同。运算符的运算次序是按照优先级由高到低运算。

5.4.2　IF 语句

1. 基本使用方法

```
IF(逻辑判断式) THEN
...
END IF
```

如果 THEN 后面只有一条语句，也可写为

```
IF(逻辑判断式) ...        !THEN 和 END IF 可省略
```

举例：假设台风来临时，如果风力超过 10 级，就停止上班上课。编写一个程序：从键盘输入一个风力等级值，判断明天是否要上班上课。

Program ex005

```
PROGRAM EX005
IMPLICIT NONE
INTEGER WINDSPEED
    READ * ,WINDSPEED
    IF(WINDSPEED>10) THEN
        PRINT * ,"无法正常上班上课"
    END IF
END
```

Program ex005 输入/输出结果如图 5-18 所示。

图 5-18　Program ex005 输入/输出图

2. 多重判断

IF(条件 1) THEN
… ELSE IF(条件 2)THEN
… ELSE IF(条件 3)THEN
… ELSE
…
END IF

（1）举例：假设台风来临，如果风力等级超过 10 级，就可以停止上班上课。编写一个程序：从键盘输入一个风力等级值，如果超过 10 级则显示"请不要外出"；如果小于 10 级则显示风的名称。扩展的蒲福风力等级见表 5-7。

表 5-7　扩展的蒲福风力等级

风力等级	名　称	相当于空旷平地上标准高度（10m）处的风速		
		海里/h	m/s	km/h
0	静稳	<1	0.0～0.2	<1
1	软风	1～3	0.3～1.5	1～5
2	轻风	4～6	1.6～3.3	6～11
3	微风	7～10	3.4～5.4	12～19
4	和风	11～16	5.5～7.9	20～28
5	清劲风	17～21	8.0～10.7	29～38
6	强风	22～27	10.8～13.8	39～49
7	疾风	28～33	13.9～17.1	50～61
8	大风	34～40	17.2～20.7	62～74
9	烈风	41～47	20.8～24.4	75～88
10	狂风	48～55	24.5～28.4	89～102
11	暴风	56～33	28.5～32.6	103～117
12	飓风	64～71	32.7～36.9	118～133
13		72～30	37.0～41.4	134～149
14		81～39	41.5～46.1	150～166
15		90～39	46.2～50.9	167～183
16		100～108	51.0～56.0	184～201
17		≥109	≥56.1	≥202

Program ex006

```
PROGRAM EX006
IMPLICIT NONE
INTEGER WINDSPEED
    READ *,WINDSPEED
    IF(WINDSPEED=0) THEN
        PRINT *,'静稳'
    ELSE IF(WINDSPEED=1) THEN
        PRINT *,'软风'
    ELSE IF(WINDSPEED=2) THEN
        PRINT *,'轻风'
    ELSE IF(WINDSPEED=3) THEN
        PRINT *,'微风'
    ELSE IF(WINDSPEED=4) THEN
        PRINT *,'和风'
    ELSE IF(WINDSPEED=5) THEN
        PRINT *,'清劲风'
    ELSE IF(WINDSPEED=6) THEN
        PRINT *,'强风'
    ELSE IF(WINDSPEED=7) THEN
        PRINT *,'疾风'
    ELSE IF(WINDSPEED=8) THEN
        PRINT *,'大风'
    ELSE IF(WINDSPEED=9) THEN
        PRINT *,'烈风'
    ELSE
        PRINT *,'请不要外出'
    END IF
END
```

图 5-19　Program ex006 输入/输出图

Program ex006 输入/输出结果如图 5-19 所示。

（2）举例：已知 U、V 为风速，判断风向。U、V 风速请从键盘任意输入（条件如图 5-20 所示）。

程序代码如下：

Program ex007

```
PROGRAM EX007
IMPLICIT NONE
REAL U,V
CHARACTER * 8 F
PRINT *,'请输入 U,V'
READ *,U,V
IF ((U==0).AND.(V==0)) THEN
F='静风'
```

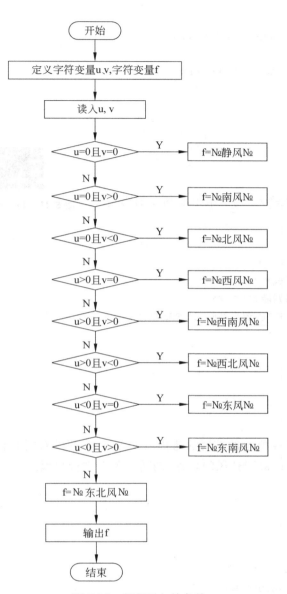

图 5-20　判断风向的条件

```
ELSE IF((U==0).AND.(V>0)) THEN
F='南风'
ELSE IF ((U==0).AND.(v<0)) THEN
F='北风'
ELSE IF ((U>0).AND.(V==0)) THEN
F='西风'
ELSE IF ((U>0).AND.(V>0)) THEN
F='西南风'
ELSE IF ((U>0).AND.(V<0)) THEN
```

```
F='西北风'
ELSE IF ((U<0).AND.(V==0)) THEN
F='东风'
ELSE IF ((U<0).AND.(V>0)) THEN
F='东南风'
ELSE
F='东北风'
END IF
PRINT * ,F
END
```

Program ex007 输入/输出结果如图 5-21 所示。

图 5-21　Program ex007 输入/输出图

3. 嵌套

```
IF(逻辑判断式) THEN
    IF(逻辑判断式) THEN
        IF(逻辑判断式) THEN
            ELSE IF(逻辑判断式) THEN
                …
            ELSE
          …
            END IF
        END IF
END IF
```

举例：依照表 5-4 所示的扩展的蒲福风力等级表，请针对"相当于空旷平地上标准高度（10m）处的风速（m/s）"与"风的名称"的转化关系进行编程。

Program ex008

```
PROGRAM EX008
IMPLICIT NONE
REAL WINDSPEED
  READ (* ,*)WINDSPEED
  IF(WINDSPEED>0.0)THEN
    IF(WINDSPEED>0.2)THEN
      IF(WINDSPEED>1.5)THEN
        IF(WINDSPEED>3.3)THEN
          IF(WINDSPEED>5.4)THEN
            IF(WINDSPEED>7.9)THEN
              IF(WINDSPEED>10.7)THEN
              …
              ELSE
                WRITE(* ,*)'5级清劲风'
              END IF
```

```
        ELSE
            WRITE(*,*)'4 级和风'
        END IF
    ELSE
        WRITE(*,*)'3 级微风'
        END IF
    ELSE
        WRITE(*,*)'2 级轻风'
        END IF
    ELSE
        WRITE(*,*)'1 级软风'
        END IF
    ELSE
        WRITE(*,*)'0 级静稳'
            END IF
    END IF
  END IF
END
```

Program ex008 输入/输出结果如图 5-22 所示。

图 5-22　**Program ex008 输入/输出图**

4. 算术判断

请从键盘输入一个数字,如果数字小于 0 则输出 A,如果数字等于 0 则输出 B,如果数字大于 0 则输出 C。

Program ex009

```
    PROGRAM EX009
    IMPLICIT NONE
    REAL C WRITE (*,*) "INPUT A NUMBER"
    READ (*,*) C
    IF(C) 10,20,30
        !10,20 和 30 为行代码,根据 C 小于/等于/大于 0,执行 10/20/30 的程序
10  WRITE (*,*)"A"
    GOTO 40
        !GOTO 可实现跳到任意前(后)的行代码处,但过多会破坏程序结构
20  WRITE (*,*) "B"
        GOTO 40
30  WRITE (*,*) "C"
    GOTO 40
40  STOP
    END
```

Program ex009 输入/输出结果如图 5-23 所示。

图 5-23   **Program ex009 输入/输出图**

5.4.3   SELECT CASE 语句

SELECT CASE 语句类似于 C 的 SWITCH,一般格式如下:

```
SELECT CASE(变量)
CASE(数值 1)          ! 如 CASE(1:5)代表 1<=变量<=5 会执行该模块
...                  !CASE(1,3,5)代表变量等于 1、3 或 5 会执行该模块
CASE(数值 2)          !括号中数值只能是 INTEGER,CHARACTER 或 LOGICAL 型常量,不能是
                      REAL 型
...
CASE DEFAULT          !其他情况,没必要一定出现
...
END CASE
```

举例:请将 Program ex006 改写成用 SELECT CASE 的语句。

Program ex010

```
PROGRAM EX010
IMPLICIT NONE
  REAL WINDSPEED
  CHARACTER WIND
  READ(*,*) WINDSPEED
  SELECT CASE(WINDSPEED)
  CASE(:1)
    WIND='静稳'
  CASE(2:5)
    WIND='软风'
  CASE(6:11)
    WIND='轻风'
  CASE(12:19)
    WIND='微风'
...
END SELECT
WRITE(*,"(' WIND: ', AL)") WIND
STOP
END
```

Program ex010 输入/输出结果如图 5-24 所示。

图 5-24   **Program ex010 输入/输出图**

5.5　循　环　结　构

5.5.1　DO 循环结构

1. 有循环变量 DO 结构的一般形式

do counter=1, lines, 1 ←最后的数字是计数器的增值,每执行一次循环,counter 就
　　　　　　　　　　　会累加上这个数值,可省略,内定值为 1

　　　　　　　　　　　　计数器的终止数值,counter<=lines 时会继续重复循环

end do ──────── counter 变量被称为计数器,循环重复的次数根据 counter 变量的数
　　　　　　　　　值而定,在此,counter=1 会把 counter 变量在刚进入循环时设定为 1
　　　　　　　　　end do 用来结束循环的程序区块

在 DO 循环中,用来决定循环执行次数的变量,通常被称为这个循环的计数器。计数器会在循环的一开始就设置好它的初值、终值以及增量,每进行一次循环,计数器就会累加上前面所设置的增量,当计数器超过终值时就会结束循环。

2. 举例

尝试使用循环计算 $2+4+6+8+10$(Fortran 90 的书写方法)。
Program ex011

```
PROGRAM EX011
IMPLICIT NONE
INTEGER , PARAMETER:: LIMIT=10
INTEGER COUNTER
INTEGER :: ANS=0
DO COUNTER=2, LIMIT, 2
    ANS=ANS+COUNTER
END DO
WRITE(*,*) ANS
STOP
END
```

图 5-25　Program ex011 输出图

Program ex011 输出结果如图 5-25 所示。

Fortran 77 使用 DO 循环会比较麻烦,它不使用 END DO 结束循环,而是使用行号结束循环,程序代码要在 DO 的后面写清楚这个循环到哪一行程序代码结束。把 Program ex009 用 Fortran 77 语法改写的形式如下:

Program ex012

```
PROGRAM EX012
IMPLICIT NONE
INTEGER LIMIT
PARAMETER(LIMIT=10 )
INTEGER COUNTER
INTEGER ANS
DATA ANS /0/
DO 100, COUNTER=2, LIMIT, 2
100  ANS=ANS+COUNTER
WRITE ( * , * ) ANS
STOP
END
```

Program ex012 输出结果如图 5-26 所示。

程序代码在第 9、10 这两行略微不同，

在此处多了一个数字，用来指定循环到哪一行结束，这里指定循环到行代码为 100 的地方结束

```
DO 100, COUNTER=2, LIMIT,2
100     ANS=ANS+COUNTER
```

—— 这一行的行代码为 100,循环到此结束

图 5-26　Program ex012 输出图

5.5.2　DO WHILE 循环结构

循环可以由逻辑条件控制是否结束，这就是 DO WHILE 的功能，其具体语法如下：

```
Do while (逻辑运算)  ←逻辑运算成立时,会一直重复执行循环
……                 ←逻辑运算成立则循环进行
……
end do              ←类似于 C 中的 WHILE (逻辑运算) {……}语句的作用
```

以这个方法改写计算 2+4+6+8 的程序如下所示：

Program ex013

```
PROGRAM EX013
IMPLICIT NONE
    INTEGER, PARAMETER :: LIMIT=10
    INTEGER COUNTER
    INTEGER :: ANS=0
    COUNTER=2
    DO WHILE (COUNTER<=LIMIT)
        ANS=ANS +COUNTER
        COUNTER=COUNTER+2
    END DO
    WRITE ( * , * ) ANS
```

```
    STOP
    END
```

Program ex013 输出结果如图 5-27 所示。

举例：循环输入每六小时的降水资料，如果发现数据小于 0 或者大于 1000，则终止循环，并提示输入数据异常。

Program ex014

```
PROGRAM EX014
IMPLICIT NONE
REAL PRECIP
PRINT *, '输入每六小时降水量(mm):'
READ *, PRECIP
DO WHILE(PRECIP.GE.0.AND. PRECIP.LT.1000)
    PRINT *, '降水量(mm): ', PRECIP
    READ *, PRECIP
END DO
PRINT *, '输入数据异常'
END
```

Program ex014 输出结果如图 5-28 所示。

图 5-27　**Program ex013 输出图**

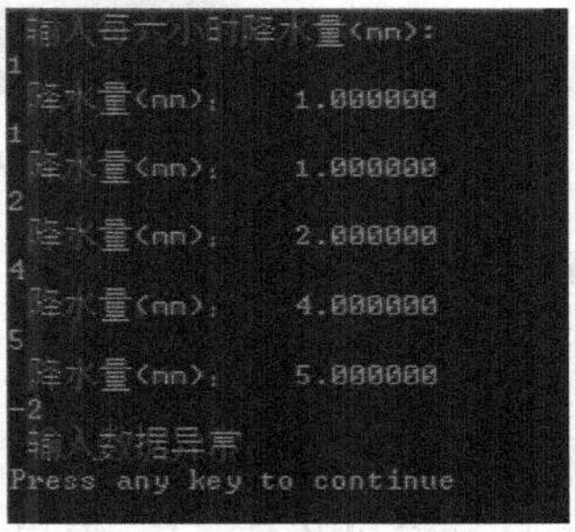

图 5-28　**Program ex014 输出图**

5.5.3　循环的流程控制

本节主要介绍 CYCLE 和 EXIT 这两个与循环相关的命令。这两个命令虽然都是 Fortran 90 标准新增加的，不过也早就被当成 Fortran 77 的不成文标准之一。

1. EXIT

EXIT 的功能是可以直接"跳出"一个正在运行的循环，不论是 DO 循环还是 DO WHILE 循环都可以使用。通常是作为逻辑 IF 语句的内嵌语句使用，其作用是有条件中断。一般格式如下：

```
EXIT  [DO循环结构名]
```

举例：输入正整数 n,求级数 T 的前 n 项和,如果当某项的绝对值小于等于 10^－5 时,虽未满 n 项,但因满足精度而不再加入下一项。

Program ex015

```
PROGRAM EX015
IMPLICIT NONE
INTEGER :: I,N
REAL :: S=0, T
REAL *,N
DO I=1, N
    T=1./(i * (I+1))
    S=S+T
    IF(ABS(T)<=1.E-5) EXIT
END DO
IF(I==N+1) I=I-1
PRINT *, 'SUM=', S, 'TERM=',I
END
```

Program ex015 输出结果如图 5-29 所示。

图 5-29　Program ex015 输出图

2. CYCLE

CYCLE 命令可以略过循环的程序模块,在 CYCLE 命令后面的所有程序代码,将直接跳回循环的开头进行下一次循环,观察下面的示例:

假设某百货公司共有 9 层,但电梯在 4 层不停,试编写一个程序模拟百货公司电梯从 1 楼爬升到 9 楼时的灯号显示情况。

Program ex016

```
PROGRAM EX016
IMPLICIT NONE
INTEGER :: DEST=9
INTEGER FLOOR
DO FLOOR=1, DEST
    IF(FLOOR==4) CYCLE
    WRITE(*,*)FLOOR
END DO
STOP
END
```

图 5-30　Program ex016 输出图

Program ex016 输出结果如图 5-30 所示。

这个程序使用了一个计数循环,在每一次的循环中,都把计数器(变量 floor)显示出来,程序中第 7 行的 IF 判断会在 floor＝＝4 时执行 CYCLE 命令,程序会略过 CYCLE 后面的 WRITE 描述,又跳转到循环的入口继续执行,floor 值此时也累加到 5 以进行下一个循环。

在程序中,如果需要略过当前的循环程序模块,直接进行下一个循环时,就可以使用 CYCLE 命令。

5.5.4 循环的应用

1. DO 循环结构

(1) 循环输入一周内日最高气温,判断最高气温,并计算一周平均最高气温。算法思路如图 5-31 所示。

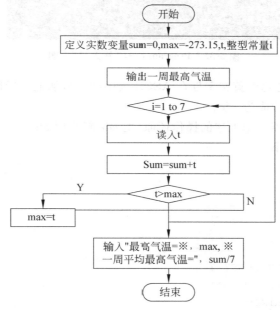

图 5-31 算法思路

2014 年 3 月 23 日至 29 日南京日最高气温如下:

16.0 17.0 17.0 18.0 16.0 22.0 24.0(单位:℃)

Program ex017

```
PROGRAM EX017
IMPLICIT NONE
REAL ::SUM=0.0,MAX=-273.15,T
INTEGER I
PRINT *,'输入一周日最高气温'
DO I=1,7
```

```
READ * ,T
SUM=SUM+T
IF(T>MAX) then
MAX=T
END IF
END DO
PRINT * ,'最高气温=', MAX,'一周平均最高气温=', SUM /7
END
```

Program ex017 输入/输出结果如图 5-32 所示。

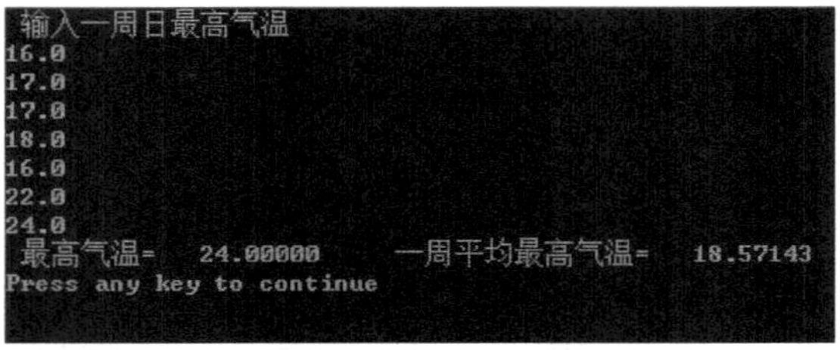

图 5-32   Program ex017 输入/输出图

（2）加密程序：把每个英文字母在 ASCII 表中的编号加上 2 后得到的字母当作密码传输。例如 abc 加密后成为 cde。

解密程序的工作就是把上述的操作还原，把 cde 解密回 abc。

加密程序代码如下：

Program ex018

```
PROGRAM EX018
IMPLICIT NONE
INTEGER I
INTEGER STRLEN
INTEGER ,PARAMETER :: KEY=2
CHARACTER(LEN=20) :: STRING
WRITE ( * , * )" STRING:"
READ ( * , * )STRING
STRLEN=LEN-TRIM(STRING)
DO I=1, STRLEN
STRING(i:i)=CHAR(ICHAR (STRING (I::I))+KEY)
END DO
WRITE ( * ," (' ENCODED:', A20) " ) STRING
STOP
END
```

Program ex018 输入/输出结果如图 5-33 所示。

解密程序代码如下：

Program ex019

```
PROGRAM EX019
IMPLICIT NONE
INTEGER I
INTEGER STRLEN
INTEGER, PARAMETER:: KEY=2
CHARACTER(LEN=20):: STRING
WRITE(*,*)" ENCODED STRING:"
READ(*,*)STRING
STRLEN=LEN_TRIM(STRING)
DO I=1, STRLEN
STRING (I:I)=CHAR (ICHAR (STRING (I:I))-KEY)
END DO
WRITE(*," (STRING:',A20)") STRING
STOP
END
```

Program ex019 输入/输出结果如图 5-34 所示。

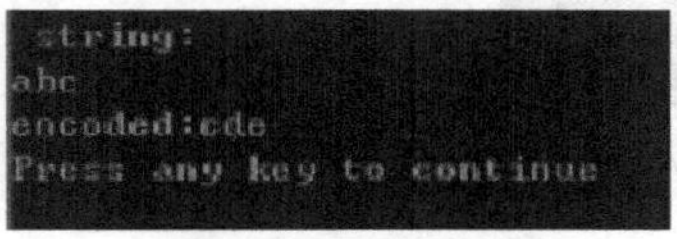

图 5-33   **Program ex018 输入/输出图**    图 5-34   **Program ex019 输入/输出图**

2. DO WHILE 结构

编写一个小型的计算机程序,用户可以输入两个数字及一个运算符号以决定要把这两个数字进行加、减、乘、除的其中一项运算。每进行一次计算后,让用户决定再进行新的计算或结束程序。

Program ex020

```
PROGRAM EX020
IMPLICIT NONE
REAL a,b,ans
CHARACTER :: key='y'
DO WHILE(key=='y'. OR. key=='y')
READ(*,*) a
Read(*, "(AL)") key
READ(*,*) b
SELECT CASE (key)
CASE('+')
ans=a+b
CASE('-')
ans=a-b
CASE('*')
```

```
ans=a * b
CASE('/')
ans=a/b
CASE DEFAULT
WRITE( * ,"(F6.2, AL, F6.2, '=', F6.2)") a, key ,b, ans
WRITE( * , * ) "(Y/y) to do again. (Other ) to exit"
READ( * ,"(AL)") key
END DO
STOP
END
```

Program ex020 输入/输出结果如图 5-35 所示。

图 5-35　Program ex020 输入/输出图

5.6　数　　　组

5.6.1　数组的定义与引用

1. 数组的定义

数组也是一种变量,使用前需要先声明,声明的方法如下:

```
Datatype      name      (size)
```

数组的大小,必须使用整型常数

数组变量的名字

Datatype 指数组的类型,除了 4 种基本类型 (integer、real、complex、logical)以外,也可以用 type 自定义的类型

和 C 不同的是,Fortran 中的数组元素的索引值写在( )内,且高维的也只用一个( ),如:

```
INTEGER A(5)              !声明一个整型一维数组,长度为 5
REAL::B(3,6)              !声明一个实型二维数组,长度分别为 3 和 6
```

数组大小必须为常数,可以通过上下界决定,其中下界默认值为 1。但是和 C 语言不同,Fortran 也有办法使用大小可变的数组,方法如下:

```
INTEGER, ALLOCATABLE ::A(:)    !定义一个一维动态数组 A
ALLOCATE(A(SIZE))              !根据读入的 SIZE 为数组分配内存空间
```

2. 数组的引用

(1) 单个数组元素引用——下标法

数组名 (下标 [,下标 , …])

例如：

```
INTEGER  a(5), b(2,3)
```

数组 a 的数组元素有：

a(1), a(2), a(3), a(4), a(5)

数组 b 的数组元素有：

b(1,1),b(1,2),b(1,3),b(2,1),b(2,2),b(2,3)

(2) 多个数组元素引用——片段法
连续片段法——表示一组连续的元素。

数组名 (起始下标 : 终止下标)

例如：

```
INTEGER a(10)
REAL b(2,3)
a(5:8)                    !表示数组 a 中 4 个连续的元素 a(5)~a(8)
a(5:8)=0                  !表示把 a(5)~a(8) 4 个元素都赋值为 0
PRINT * ,a(5:8)           !表示输出 a(5)~a(8)元素的值
b(1:1,1:3)               !表示 b(1,1),b(1,2),b(1,3)元素
b(1:2,2:2)               !表示 b(1,2),b(2,2)元素
```

(3) 下标三元组法——把不连续的元素组成数组片段

数组名 ([起始下标]:[终止下标][:步长],…)

例如：

```
INTEGER,DIMENSION(5:45)::a
INTEGER,DIMENSION(4,5)::b
a(10:30:1)               !表示 a(10)~a(30)中的连续的 21 个元素
a(:15:5)                 !表示 a(5),a(10),a(15)
a(6::10)                 !表示 a(6),a(16),a(26),a(36)
b(:,1:5:2)=500           !表示将 b 数组中第 1,3,5 列元素赋值为 500
```

5.6.2　数组的逻辑结构与存储结构

1．一维数组

（1）逻辑结构

由一组类型相同的数据构成的线性表。

（2）存储结构

与逻辑结构相同。一维数组 a 的存储结构如图 5-36 所示。

a(1)
a(2)
a(3)
a(4)
a(5)
a(6)
a(7)
a(8)
a(9)
a(10)

图 5-36　一维数组 a 的存储结构

2．二维数组

（1）逻辑结构

一张表格或矩阵。二维数组 score(3,2) 的逻辑结构见表 5-8。

（2）存储结构

按列顺序存储。二维数组 score(3,2) 的存储结构如图 5-37 所示。

表 5-8　二维数组 score(3,2) 的逻辑结构

score(1,1)	score(1,2)
score(2,1)	score(2,2)
score(3,1)	score(3,2)

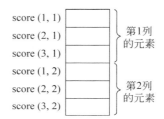

图 5-37　二维数组 score(3,2) 的存储结构

例如，REAL score(3,2)。

5.6.3　数组的输入/输出

1．使用 DO 循环输入/输出数组元素

（1）一维数组的输入和输出

方法：用一重 DO 循环。

输入：

```
DO i=1,10
    READ(*,*) a(i)
END DO
```

输出：

```
    DO i=1,10,2
        WRITE(*,200) a(i)
    END DO
200  FORMAT(1X,2I3)
```

一维数组输入/输出结果如图 5-38 所示。

（2）二维数组的输入和输出

方法：用双重循环实现。

```
DO i=1,3
    DO j=1,2
        READ *, w(i,j)
    ENDDO
ENDDO
```

二维数组输入结果如图 5-39 所示。

图 5-38　一维数组输入/输出结果　　　图 5-39　二维数组输入结果

2. 用数组名或数组片段对数组进行输入和输出

（1）一维数组的输入和输出

```
READ *, a          !输入 10 个整数,依次将它们放入数组元素 a(1)~a(10)中
READ *,a(1:10:2)   !输入 5 个整数,依次将它们放入数组元素 a(1),a(3),a(5),a(7),a
                   (9)中
PRINT *, a         !输出 a(1)~a(10)的值
```

（2）二维数组的输入和输出

```
READ *, w
```

输入数据如图 5-40 所示。

```
PRINT '(1X,2F5.2)', w
```

输出数据结果如图 5-41 所示。

输出结果:
□87.00 □74.00
□93.00 □80.00
□95.00 □78.00

输入数据:
87,74,93,80,95,78↙

图 5-40　输入数据　　　　图 5-41　输出数据结果

3. 用隐含的 DO 循环对数组进行输入和输出

隐含 DO 循环的一般形式如下：

(输入/输出表, i=e1,e2[,e3])

其中：

- i 是隐含 DO 循环变量；
- e1、e2、e3 分别是循环变量的初值、终止、步长；
- 隐含 DO 循环必须要用小括号括起来。

（1）一维数组的输入和输出

例如：

```
    INTEGER a(5)
    READ( * ,100)(a(i),i=1,5)              !输入所有元素
100  FORMAT( 5I3)
    WRITE( * ,200)(a(i),i=1,5,2)           !输出 a(1),a(3),(5)的值
200  FORMAT(1X,3I3)
```

运行结果如图 5-42 所示。

（2）二维数组的输入和输出

```
    REAL w(3,2)
    READ( * ,200) ( (w( i, j ), j=1,2), i=1,3)         !按行输入
200  FORMAT(2F6.2)
```

运行结果如图 5-43 所示。

```
执行时输入：
  □□1□□2□□3□□4□□5 ↵
输出结果：
  □□□1□□□3□□□5
```

图 5-42　使用隐含的 DO 循环对一维数组
进行操作的运行结果

```
执行时输入：
  □87.00□80.00 ↵
  □74.00□95.00 ↵
  □93.00□78.00 ↵
```

图 5-43　使用隐含的 DO 循环对二维数组
进行操作的运行结果

5.6.4　给数组赋初值

1. 使用 DATA 语句赋初值

（1）DATA 变量表 1/初值表 1/[,变量表 2/初值表 2/] ...

例如：

```
INTEGER A(5)
DATA A /1,2,3,4,5/   或   INTEGER :: A(5)=(/1,2,3,4,5/)
                !把数组 A 的初值设置成 A(1)=1、A(2)=2、A(3)=3、A(4)=4、A(5)=5
```

（2）DATA 的数据区中还可以使用星号"＊"表示数据重复

```
INTEGER A(5)
DATA A /5 * 3/                    !5 * 3 在此指有 5 个 3,不是计算 5 * 3=15,而是把
                                  数组 A 的初值设置成 A(1)=3、A(2)=3、A(3)=3、A
                                  (4)=3、A(5)=3
```

2. 使用数组赋值符赋初值

类型说明 :: 数组名 (维说明符)=(/ 初值表 /)
```
INTEGER :: a(5)=(/ 1,2,3,4,5 /)
```

其中需要注意的是"隐含式"循环的功能。例如：

```
INTEGER A(5)
INTEGER I
DATA (A(I),I=2,4)/2,3,4/          !(A(I),I=2,4)表示 I 从 2 到 4 循环,依照顺序到后面取
                                  数字,增量为默认值 1。初值设定结果为 A(2)=2、A(3)=3、
                                  A(4)=4,A(1)和 A(5)没有设定
```

还可以如下书写：

```
INTEGER I INTEGER::A(5)=(/1,(2,I=2,4),5/)    !5 个元素分别赋值为 1,2,2,2,5
INTEGER::B(5)=(/I, I=1,5/)                    !5 个元素分别赋值为 1,2,3,4,5
```

还可以采用嵌套：

```
DATA ((A(I,J),I=1,2),J=1,2)=/1,2,3,4/        !A(1,1)=1,1(2,1)=2,A(1,2)=3,A(2,2)=4
```

5.6.5　动态数组

某些情况下，要等到程序执行以后，才能知道数组的大小。首先参考一个例子。
举例：把 n 个温度记录中的最高温度找出来，并指出它在时间序列中的位置。
Program ex021

```
PROGRAM EX021
IMPLICIT NONE
INTEGER i,n,max
REAL,ALLOCATABLE :: a(:)              !定义 a 数组是动态数组
PRINT * ,'Enter n:'
READ * ,n
ALLOCATE(a(n))                        !分配内存空间
PRINT * ,'输入',n,'个温度记录'
READ * , (a(i),i=1,n)
max=1
DO i=2,n
IF(a(i)>a(max)) max=i
```

```
END DO
PRINT * ,'max=',a(max),'在第',max,'个时次。'
DEALLOCATE(a)                        !释放空间
END
```

Program ex021 输入/输出结果如图 5-44 所示。

图 5-44　Program ex021 输入/输出图

依据上面的示例,可以知道使用动态数组主要分为下面三个步骤:

(1) 定义动态数组;

(2) 为动态数组分配存储空间;

(3) 使用动态数组后回收其所占内存空间。

1. 动态数组的定义

类型说明,ALLOCATABLE::数组名 1(维说明符 1)[,数组名 2(维说明符 2),…]

例如:

```
REAL,ALLOCATABLE :: a(:)         !定义 a 数组是动态一维数组。数组的大小也不用赋值,使
                                  用一个冒号(:)代表它是一维数组即可
```

2. 给动态数组分配内存—— ALLOCATE 语句

ALLOCATE(动态数组名 1([下界:]上界)[,动态数组名 2([下界:]上界),…])

说明:

(1) 下界和上界可以是整型常量或者变量;

(2) 下界为 1 时可以省略;

(3) 如果下界大于上界,则数组的大小为零;

(4) 计算机的内存是有限的,不能无限制地要求空间使用。所以 ALLOCATE 命令在内存满载时,有可能要求不到使用空间。ALLOCATE 命令中可以加上 stat 的文本框以得知内存配置是否成功。

例如:

```
ALLOCATE(a(100),stat=error)      !error 是事先声明好的整型变量,执行 ALLOCATE 这个动
                                  作时会经由 stat 叙述传给 error 一个数值。如果 error
                                  等于 0 则表示 ALLOCATE 数值成功,而如果 error 不等于
                                  0 则表示 ALLOCATE 数值失败
```

例如：

ALLOCATE(a(n))　　　　　　　　!分配内存空间

3. 释放动态数组内存——DEALLOCATE 语句

DEALLOCATE(动态数组名 1[,动态数组名 2, …])

注意：此语句的括号内只需写数组名而不要写其大小。
范例：

DEALLOCATE(a)　　　　　　　　!释放空间

举例：求气象要素区域的平均值。
Program ex022

```
PROGRAM EX022
IMPLICIT NONE
INTEGER i,j,m,n
REAL total,mave
REAL,ALLOCATABLE :: matrix(:,:)                !定义数组
PRINT * ,'Enter m&n:'
READ * ,m,n
ALLOCATE(matrix(m,n))                          !分配数组内存空间
PRINT * ,' 输入 ',m,' * ',n,' 矩阵数据：'
READ * , ((matrix(i,j),j=1,n),i=1,m)
total=0.0
DO i=1,m
DO j=1,n
total=total+matrix(i,j)
END DO
END DO
mave=total/(m * n)
PRINT * , 'mave=',mave
DEALLOCATE(matrix)                             !释放数组内存空间
END
```

Program ex022 输入/输出结果如图 5-45 所示。

图 5-45　Program ex022 输入/输出图

5.6.6 数组的应用

1. 输入南京站 2014 年 7 月份 31 天的气温值,把高于平均温度的日期和气温值输出。

算法思路见表 5-9。

表 5-9 算法思路

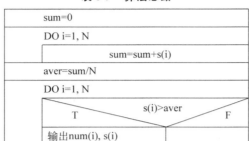

sum=0		
DO i=1, N		
	sum=sum+s(i)	
aver=sum/N		
DO i=1, N		
	s(i)>aver	
T		F
输出num(i), s(i)		

Program ex023

```
     PROGRAM EX023
     IMPLICIT NONE
     INTEGER,PARAMETER::N=31
     CHARACTER * 6 num(N)
     INTEGER i
     REAL s(N),sum,aver
     WRITE(*,*) '输入日期和气温:'
     READ(*,*) (num(i),s(i),i=1,N)
     sum=0.0
     DO i=1,N
     sum=sum+s(i)
     END DO
     aver=sum/N
     WRITE(*,*)'平均气温是: ',aver
     WRITE(*,*)' 日期     气温    '
     WRITE(*,*)'--------------------'
     DO i=1,N
     IF(s(i)>=aver) WRITE(*,200) num(i),s(i)
     END DO
     WRITE(*,*)'--------------------'
200  FORMAT(A8,F6.1)
     END
```

Program ex023 输出结果如图 5-46 所示。

2. 已知某气象台站 7 月 17 日至 21 日每天 4 个观测时间(即 02、08、14、20 时刻)的温度观测值,要求编程实现下列功能(南京 2009 年 7 月 17 日至 21 日温度观测值见表 5-10)。

图 5-46 Program ex023 输出图

（1）统计每天的平均温度；

（2）统计 7 月 17 日至 21 日总的温度平均值；

（3）输出每日平均温度的最高值；

（4）统计 5 天中每天 4 个观测时间的温度平均值。

表 5-10 南京 2009 年 7 月 17 至 21 日温度观测值 （单位：℃）

日期	观 测 时 间			
	02：00	08：00	14：00	20：00
17	28.8	32.9	36.8	33.2
18	28.8	1.8	36.0	31.1
19	28.7	32.3	35.1	32.3
20	29.9	33.4	36.2	32.7
21	30.4	32.5	36.5	25.5

算法思路：

该题目是二维数组解决气象数据求和问题。

（1）统计每天的平均温度：先求出二维数组 t 每行元素的累加和 RS，然后通过 RS/4 求出每行的平均值。采用双重循环，外循环控制行，内循环控制列。

（2）统计 1 日至 5 日总的温度平均值：先求出二维数组 t 所有元素之和 sum，然后除以 20，即总的温度平均值 aver。

（3）求平均温度的最高值 MaxT，即在一维数组 DayAverTemp 中求最大值。

（4）统计 5 天中每天 4 个观测时间的温度平均值：实际上就是求二维数组 t 每一列的元素之和 CS，然后再除以行数 5。此算法思路与（1）类似，不同的是双重循环中外循环控制列,内循环控制行。

Program ex024

```
PROGRAM EX024
    IMPLICIT NONE
    INTEGER,PARAMETER::m=5,n=4
    REAL t(m,n),DAT(m),TAT(n)
    REAL sum,aver,RS,CS,MaxT
    data t/28.8,29.8,28.7,29.9,30.4,32.9,31.8,32.3,33.4,32.5,&
         36.8,36.0,35.1,36.2,36.5,33.2,31.1,32.3,32.7,25.5/
    INTEGER i,j
    sum=0                    !统计每天的平均温度和总的平均温度
    DO i=1,m
    RS=0
    DO j=1,n
    RS=RS+t(i,j)
    sum=sum+t(i,j)
    END DO
    DAT(i)=RS/n
    END DO
    aver=sum/(m*n)
    DO j=1,n                 !统计 5 天中每天 4 个观测时次的温度平均值
    CS=0
    DO i=1,m
    CS=CS+t(i,j)
    END DO
    TAT(j)=RS/n
    END DO
    WRITE(*,*) "每天的平均温度",DAT         !输出温度数据及统计结果
    WRITE(*,*) "5 天总的平均温度",aver
    WRITE(*,*) "每天 4 个观测时次的平均温度",TAT
    MaxT=DAT(1)                              !求每天平均温度的最高值
    DO i=2,m
    IF(DAT(i)>MaxT) MaxT=DAT(i)
    END DO
    WRITE(*,*) "每天平均温度最高值",MaxT
    END
```

Program ex024 输出结果如图 5-47 所示。

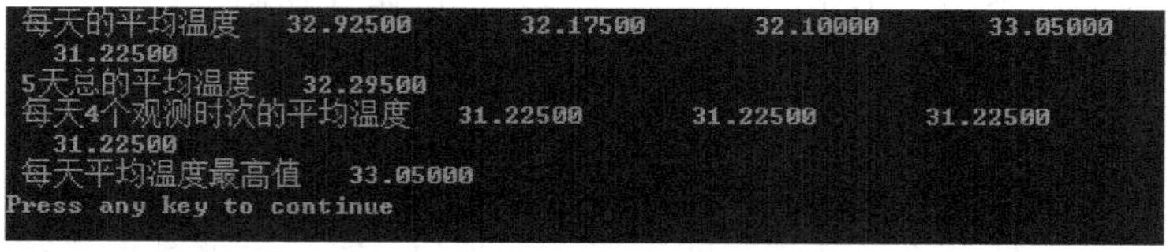

图 5-47　Program ex024 输出图

5.7　函　　数

在程序代码中,常常会在不同的地方需要重复某一个功能和重复使用某一段程序代码,这个时候就可以使用函数。循环时应用在程序代码相同的地方中,需要重复执行某一段程序代码时,和函数的应用范围有点不同。

函数分为两类:子程序(SUBROUTINE)和自定义函数(FUNCTION)。自定义函数的本质就是数学上的函数,一般要传递自变量给自定义函数,返回函数值。子程序不一定是这样,可以没有返回值。

5.7.1　子程序

编写程序时,可以把某一段常常被使用、具有特定功能的程序代码独立出来,封装成子程序,以后只要经过调用的 CALL 命令就可以执行这一段程序代码。首先观察一个使用子程序的示例。

Program ex025

```
PROGRAM EX025
IMJPLICIT NONE
CALL MESSAGE()                !调用子程序 message
CALL MESSAGE()                !再一次调用子程序 message
STOP
END
SUBROUTINE MESSAGE()          !子程序
IMPLICIT NONE
WRITE(*,*) "Hello."
RETURN
END
```

Program ex025 输出结果如图 5-48 所示。

图 5-48　Program ex025 输出图

1. 子程序的格式

SUBROUTINE NAME (PARAMETER1，PARAMETER2)!给子程序取一个有意义的名字。可以传递参数,这样可以有返回值。括号内也可以空着,代表不传递参数。

```
IMPLICIT NONE
INTEGER:: PARAMETER1, PARAMETER2        !需要定义接收参数的类型
……                                      !接下来的程序编写跟主程序没有任何区别
MRETURN              !和 C 语言不同,这里表示子程序执行后回到调用它的地方继续执行下面
                      的程序,不一定放在后。可以放在子程序的其他位置,作用相同;子程序中
                      RETURN 之后的部分不执行
END [SUBROUTINE NAME]
```

2. 子程序的调用

使用 CALL 命令直接使用，不需要声明。

在调用处编写：

```
CALL SUBROUTINE NAME(PARAMETER1,PARAMETER2)
```

程序的第 3、4 行出现的 CALL 在程序中的意义是"调用"。第 3、4 行的意思是："调用一个名称为 message 的子程序"。

3. 使用子程序的注意事项

（1）子程序之间也可相互调用。直接调用即可，像在主程序中调用子程序一样，调用自身时称为"递归"。

（2）传递参数的原理和 C 语言中的不同。Fortran 中是传址调用（CALL BY ADDRESS/REFERENCE），就是传递时用参数和子程序中接收时用的参数使用同一个地址，尽管命名可以不同。这样，如果子程序的执行子程序中接收参数的值，所传递的参数也相应发生变化。

（3）子程序各自内部定义的变量具有独立性，类似于 C 语言。各自的行代码也具有独立性。因此各个子程序主程序中有相同的变量名和行代码号，并不会相互影响。

5.7.2　自定义函数(FUNCTION)

自定义函数的运行和子程序大致相同，它也要经过调用才能执行，也可以独立声明变量，参数传递的方法也如同子程序一般，和子程序只有两点不同：

（1）调用自定义函数前要先声明。

（2）自定义函数执行后会返回一个函数值。

首先观察一个简单的示例。

Program ex026

```
PROGRAM EX026
IMPLICIT NONE
REAL :: a=1
REAL :: b=2
REAL, EXTERNAL :: ADD          !声明 ADD 是函数而不是变量
WRITE(*,*)ADD(a,b)             !调用函数 ADD,调用函数不必使用 CALL 命令
STOP
END
FUNCTION ADD(a,b)
IMPLICIT NONE
REAL :: a,b                    !输入参数
REAL :: add                    !add 和函数名称一样,这里不用来声明变量,而是声明返回值
add=a+b
```

```
RETURN
END
```

图 5-49　**Program ex026 输出图**

Program ex026 输出结果如图 5-49 所示。

1. 自定义函数的格式

```
REAL, EXTERNAL :: FUNCTION_NAME   !属饣为外部函数。一般自定义函数也是放在主程序之后
```

形式:

```
FUNCTION FUNCTION_NAME(PARAMETER1, PARAMETER2)   !无逗号
IMPLICIT NONE
REAL:: PARAMETER1, PARAMETER2                    !声明函数参数类型,这是必须的
REAL::FUNCTION_NAME                              !声明函数返回值类型,这是必须的
……
FUNCTION_NAME= ...                               !返回值的表达式
RETURN
END
```

2. 使用自定义函数的注意事项

（1）自定义函数可以相互调用,调用时也需要事先声明。

（2）EXTERNAL 表示这里所要声明的不是一个可以使用的变量,而是一个可以调用的函数。EXTERNAL 其实可以省略,不过建议还是不要省略,因为这样才容易分辨出它是函数而不是变量。

（3）调用自定义函数的方法很简单,直接写上它的名字就行了,不需要使用 CALL 命令。

5.7.3　关于函数中的变量

本节主要介绍在函数中和变量相关的各种事项,包括参数传递的技巧、注意事项及参数的生存周期等。

1. 传递参数的注意事项

传递参数给函数时,最重要的一点是"类型要正确"。参数类型如果不合,则会发生难以预料的结果,因为 Fortran 在传递参数时,是传递这个变量的内存地址,传递出去的参数和接收的参数会使用相同内存位置记录数值,不同的数据类型在解读内存内容的方法上会有所不同。下面看一个示例。

Program ex027

```
PROGRAM EX027
IMPLICIT NONE
REAL :: a=1.0
```

```
CALL ShowIn : eger(a)
CALL ShowReal(a)
STOP
END
SUBROUTINE ShowInteger(num)
IMPLICIT NONE
INTEGER :: num
WRITE(*,*)num
RETURN
END
SUBROUTINE ShowReal(num)
IMPLICIT NONE
REAL:: num
WRITE(*,*)num
RETURN
END
```

图 5-50　**Program ex027 输入/输出图**

Program ex027 输入/输出结果如图 5-50 所示。

2. 数组参数

(1) 传递数组参数，也和 C 语言一样是传地址，不过不一定是数组首地址，而可以是数组某个指定元素地址。例如有数组 A(5)，调用 CALL FUNCTION(A)则传递 A(1)的地址，调用 CALL FUNCTION(A(3))，则传递 A(3)的地址。下面观察一个示例。

Program ex028

```
PROGRAM EX028
IMPLICIT NONE
INTEGER :: a(5)=(/ 1,2,3,4,5 /)
CALL ShowOne(a)                  !输入 a,就是输入数组 a 第 1 个元素的内存地址
CALL ShowArray5(a)
CALL ShowArray3(a)
CALL ShowArray3(a(2))            !输入 a(2),就是输入数组 a 第 2 个元素的内存地址
CALL ShowArray2X2(a)
STOP
END
SUBROUTINE ShowOne(num)
IMPLICIT NONE
    INTEGER :: num               !只读取参数地址中的第 1 个数字
WRITE(*,*)num
RETURN
END
SUBROUTINE ShowArray5(num)
IMPLICIT NONE
INTEGER :: num(5)               !取出参数地址中的前 5 个数字,当作数组使用
```

```
WRITE(*,*)num
RETURN
END
SUBROUTINE ShowArray3(num)
IMPLICIT NONE
INTEGER :: num(3)                    !取出参数地址中的第 3 个数字,当作数组使用
WRITE(*,*)num
RETURN
END
SUBROUTINE ShowArray2X2(num)
IMPLICIT NONE
INTEGER :: num(2,2)                  !取出参数地址中的前 4 个数字,当作 2*2 数组使用
WRITE(*,*) num(2,1),num(2,2)
RETURN
END
```

Program ex028 输出结果如图 5-51 所示。

图 5-51 Program ex028 输出图

（2）数组在声明时要使用常量赋值它的大小。但是在函数中,如果数组是接收用的参数,则可以例外。这时可以用变量赋值它的大小,甚至可以不赋值大小。下面观察一个示例。

Program ex029

```
PROGRAM EX029
IMPLICIT NONE
INTEGER,PARAMETER :: size=5
INTEGER :: s=size
INTEGER :: a(size)=(/ 1,2,3,4,5 /)
CALL UseArray1(a,size)               !把常量 size 输入作为数组大小
CALL UseArray1(a,s)                  !把一般变量 s 输入作为数组大小
CALL UseArray2(a)                    !不输入数组大小
CALL UseArray3(a)
STOP
END
SUBROUTINE UseArray1(num,size)
IMPLICIT NONE
INTEGER :: size                      !只读取参数地址中的第 1 个数字
INTEGER :: num(size)                 !输入数组的大小可用变量赋值
WRITE(*,*)num
```

```
RETURN
END
SUBROUTINE UseArray2(num)
IMPLICIT NONE
INTEGER :: num(*)                    !不赋值数组大小
INTEGER :: i
WRITE(*,*)(num(i) , i=1,5)           !如果输入的数值小于5,则write执行时会出现错误
RETURN
END
SUBROUTINE UseArray3(num)
IMPLICIT NONE
INTEGER :: num(-2,2)                 !可以重新定义数组坐标范围
WRITE(*,*)num(0)
RETURN
END
```

Program ex029 输出结果如图 5-52 所示。

图 5-52　Program ex029 输出图

（3）多维数组作为函数参数,和 C 语言相反的是,后一维的大小可以不写,其他维的大小必须写。这取决于 Fortran 中数组元素 COLUMN MAJOR 的存放方式。

3. 变量的生存周期

函数中的变量（不含输入的参数）有它们的生存周期。它们所能够生存的时间,只有在这个子程序被调用执行的这一段时间中。子程序结束后,它们就"死亡"了。所保存的数据也会随之被淹没掉。

在声明中加入 SAVE 可以"拯救"这些变量、增加变量的生存周期、保留所保存的数据。这些变量可以在程序执行中永久记忆上一次函数调用时所被设置的数值。

4. 传递函数

包括自定义函数、库函数、子程序。类似于 C 语言中的函数指针需要在主程序和调用函数的函数中都声明作为参数传递的函数。如:

```
REAL, EXTERNAL :: FUNCTION            !自定义函数
REAL, INTRINSIC :: SIN                !库函数
EXTERNAL SUB                          !子程序
```

下面观察一个示例。

Program ex030

```
PROGRAM EX030
IMPLICIT NONE
REAL,EXTERNAL :: func              !声明 func 是自定义函数
REAL,INTRINSIC :: sin              !声明 sin 是库函数
CALL ExecFunc(func)                !输入自定义函数 func
CALL ExecFunc(sin)                 !输入库函数 sin
STOP
END PROGRAM
SUBROUTINE ExecFunc(f)
IMPLICIT NONE
REAL,EXTERNAL :: f                 !声明参数 f 是函数
WRITE(*,*) f(1.0)                  !执行输入的函数 f
RETURN
END
REAL FUNCTION func(num)
IMPLICIT NONE
REAL :: num
Func=num*2
RETURN
END FUNCTION
```

Program ex030 输出结果如图 5-53 所示。

图 5-53　**Program ex030 输出图**

5. 函数使用接口（INTERFACE）

一段程序模块中的以下情况是必需的：
（1）函数返回值为数组；
（2）指定参数位置传递参数；
（3）所调用的函数参数个数不固定；
（4）输入指标参数；
（5）函数返回值为指针。

5.7.4　全局变量

在不同的程序之间，也就是在不同的函数之间或是主程序和函数之间，除了可以通过传递参数的方法共享内存外，还可以通过全局变量让不同程序中声明出来的变量使用相同的内存位置。这是另一种在不同程序间传递数据的方法。

1. COMMON 的使用

COMMON 是 Fortran 77 中使用全局变量的方法，它用来定义一块共享的内存空间。
（1）如果在主程序中定义：

```
INTEGER :: A,B
COMMON A,B                         !这样就把 A 和 B 定义为全局变量
```

若又在子程序或自定义函数中定义：

```
INTEGER :: C,D
COMMON C,D
```

则会发现 A 和 C 共用相同内存，B 和 D 共用相同内存，它们相应的值是相等的。
下面观察一个示例。
Program ex031

```
PROGRAM EX031
IMPLICIT NONE
INTEGER :: a,b
COMMON a,b                 !定义 a 和 b 是全局变量中的第 1 个及第 2 个变量
a=1
b=2
CALL ShowCommon()
STOP
END
SUBROUTINE ShowCommon()
IMPLICIT NONE
    INTEGER :: num1,num2
COMMON num1,num2     ! 定义 num1 和 num2 是全局变量中的第 1 个及第 2 个变量
WRITE(*,*)num1,num2
RETURN
END
```

图 5-54　Program ex031 输出图

Program ex031 输出结果如图 5-54
所示。

说明：因为 a、num1 都是 COMMON 中的第 1 个变量，b、num2 都是 COMMON 中
的第 2 个变量，因此，子程序在显示 num1、num2 值的时候，会发现 num1=1、num2=2，
因为在主程序中执行了 a=1、b=2 的命令，而 a 和 num1 使用相同的内存位置，b 和
num2 使用相同的内存位置，所以它们的内容相同。

（2）全局变量太多时会很麻烦，可把它们人为归类，只需在定义时在 COMMON 后
面加上区间名。如：

```
COMMON /GROUP1/A          !变量 A 放在 GROUP1 区间
COMMON /GROUP2/ B         !变量 B 放在 GROUP2 区间
```

这样使用时就不必把所有全局变量都列出来，再声明 COMMON /GROUPE1/C 就
可以用 A、C 全局变量了。

2. BLOCK DATA

可以使用 BLOCK DATA 程序模块，它是一段独立的程序模块，不需调用就可以自
己执行。在主程序和函数中不能直接使用前面提到的 DATA 命令给全局变量赋初值。

可以给它们各自赋初值,如果要使用 DATA 命令必须如下操作:

```
BLOCK DATA NAME              !Name 可以省略
    IMPLICIT NONE            !最好不要省略这一行
    INTEGER...              !声明变量
    REAL...
    COMMON...               !把变量放到 COMMON 空间中
    COMMON/GROUP1/
    DATA var1,var2          !同样使用 data 设定初值
    ...
    ...
END BLOCK DATA NAME          !可以只写 END 或 END BLOCK DATA
```

这一段程序代码只能包含和声明有关的描述,程序命令不能放在这个程序模块中。这个模块只是用来填写全局变量的数据内容,这些数据内容在一开始执行程序时,就会被写入每一个变量的内存空间中。所以在三程序执行前,全局变量的初值内容就将设置完毕。还有一点要注意,全局变量不能声明常量,所以在 BLOCK DATA 中不能出现PARAMETER。

下面观察一个示例。

Program ex032

```
PROGRAM EX032
IMPLICIT NONE
INTEGER :: a,b
COMMON a,b                  !a 和 b 放在不署名的全局变量空间中
INTEGER :: c,d
COMMON /GROUP1/c,d          !c 和 d 放在 group1 的全局变量空间中
INTEGER :: e,f
COMMON /GROUP1/e,f          !e 和 f 放在 group2 的全局变量空间中
WRITE(*,"(6I4)")a,b,c,d,e,f
STOP
END
BLOCK DATA
IMPLICIT NONE
INTEGER a,b
COMMON a,b                  !a 和 b 放在不署名的全局变量空间中
DATA a,b/1,2/               !设置 a 和 b 的初值
INTEGER c,d
COMMON /GROUP1/c,d          !c 和 d 放在 group1 的全局变量空间中
DATA c,d/3,4/               !设置 c 和 d 的初值
INTEGER e,f
COMMON /GROUP1/e,f          !e 和 f 放在 group2 的全局变量空间中
DATA e,f/5,6/               !设置 e 和 f 的初值
END BLOCK DATA
```

Program ex032 输出结果如图 5-55 所示。

图 5-55　Program ex032 输出图

5.8　Fortran 的应用

5.8.1　熟悉 Fortran 90 软件的开发环境

1. 应用内容

(1)问题描述如表 5-11。

表 5-11　扩展的蒲福风力等级(6～10 级)表

风力等级	名　称	相当于空旷平地上标准高度(km)处的风速		
		海里/h	m/s	km/h
6	强风	22～27	10.8～13.8	39～49
7	疾风	28～33	13.9～17.1	50～61
8	大风	34～40	17.2～20.7	62～74
9	烈风	41～47	20.8～24.4	75～88
10	狂风	48～55	24.5～28.4	89～102

根据输入的风速值,确定风力的等级,输入风速时提示范围。

(2)算法设计

算法设计如图 5-56 所示。

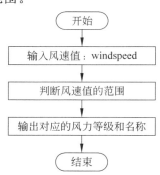

图 5-56　算法设计流程图

2. 应用步骤

(1) 启动软件开发环境 Microsoft Developer Studio

Digital Visual Fortran 5.0 系统安装成功后,在桌面创建一个 Developer Studio 图标 ,在"开始"/"程序"菜单中创建 Visual Fortran 5.0 子菜单项。通过桌面图标或"开始"菜单,可快速启动软件开发环境 Microsoft Developer Studio。

① 双击桌面 Developer Studio 图标 或单击"开始"/"程序"/Visual Fortran 5.0/Developer Studio 菜单项。

② 弹出 Microsoft Developer Studio 软件开发环境图形界面主窗口。

(2) 创建新工作区

① 单击 File/New 菜单,弹出 New 对话框。

② 选择 Workspaces 选项卡,完成以下操作。

- 在 Location 文本框中输入 D:\或单击右侧按钮查找指定 D 盘。
- 在 Workspace name:文本框中输入工作区名:shiyan01。
- 单击 Ok 按钮。

(3) 创建新项目

① 单击 File/New 菜单,弹出 New 对话框。

② 选择 Projects 选项卡,完成以下操作。

- 在项目类型区单击选择 Win32 Console Application 项目类型。
- 单击选择 Add to current workspace 项。
- 在 Project name:文本框中输入项目名:xm1。
- 在 Location 文本框中选择默认值 D:\shiyan01\xm1。
- 单击 Ok 按钮。

(4) 创建源程序文件,编辑输入源程序文本

源程序文件是项目中必不可少的文件。一般项目创建后,首先要创建源程序文件,及时编辑输入源程序文本。源程序文件有两种书写格式,一般选择自由书写格式。

① 单击 File/New 菜单,弹出 New 对话框。

② 选取 Files 选项卡,完成以下操作。

- 在文件类型区单击选择 Fortran Free Format Source File 文件类型。
- 单击选择 Add to project 项,同时在下方列表框中选择项目 xm1。
- 在 File name:文本框中输入文件名:chengxu1。
- 在 Location 文本框中选择默认值 D:\shiyan01\xm1。
- 单击 Ok 按钮,在右侧打开"源程序文档窗口"。
- 在"源程序文档窗口"中编辑输入给定的源程序文本,前三行"???"处输入具体班级、姓名、日期信息(后续操作相同,不再提示)。

(5) 创建辅助文档文件,编辑输入问题描述文本

一个优秀的软件,不仅有源程序文件,而且还应有其他相关的辅助文档文件。问题描述文档文件是软件文档的重要组成部分,便于随时了解程序有关的问题描述,有助于理解程序。

① 单击 File/New 菜单,弹出 New 对话框。

② 选择 Files 选项卡,完成以下操作。

- 在文件类型区单击选择 Text File 文件类型。
- 单击选择 Add to project 项,同时在下方列表框中选择项目 xm1。
- 在 File name:文本框中输入文件名:miaoshu1。
- 在 Location 文本框中选择默认值 D:\shiyan01\xm1。
- 单击 Ok 按钮,在右侧打开"辅助文档窗口"。
- 在"辅助文档窗口"中编辑输入给定的问题描述文本。

(6) 创建辅助文档文件,绘制程序流程图

① 单击 File/New 菜单,弹出 New 对话框。

② 选择 Other Documents 选项卡,完成以下操作。

- 在文件类型区单击选择 Microsoft Word 文档文件类型。
- 单击选择 Add to project 项,同时在下方列表框中选择项目 xm1。
- 在 File name:文本框中输入文件名:suanfa1。
- 在 Location 文本框中选择默认值 D:\shiyan01\xm1。
- 单击 Ok 按钮,在右侧打开"辅助文档窗口"。文档窗口类似于 Word 软件窗口。
- 在"辅助文档窗口"中绘制图 5-58 所示的程序流程图。

(7) 编译项目内源程序文件

源程序文件是一个文本文件,它不能直接执行,必须通过编译过程将其编译转换为机器语言程序,才能在计算机上运行。

- 单击 Build/Compile 菜单,或单击工具条中的编译按钮🔲。

若源程序文本正确,则在下方 Output 窗口中显示信息"chengxu1.obj-0 error(s),0 warning(s)",同时在 debug 文件夹中创建中间文件 chengxu1.obj,否则显示错误信息,需对照给定的源程序修改源程序文本,然后再进行编译,直到编译正确为止。

(8) 构建可执行程序文件

编译成功后,所生成的中间文件(obj 文件)还不能立即执行,需要通过构建生成可执行文件(exe 文件)。exe 文件是能够在任何环境中运行的可执行程序。

- 单击 Build/Build 菜单,或单击工具条中的构建按钮🔲。

若源程序文本正确,则在下方 Output 窗口中显示信息"xm1.exe-0 error(s),0 warning(s)",同时在 debug 文件夹中创建可执行程序文件 xm1.exe,否则显示错误信息,需对照给定的源程序文本修改输入的源程序,再进行编译和构建,直到构建正确为止。

(9) 运行可执行程序文件

构建成功后,能运行生成的可执行文件(exe 文件),输入数据,便可得到希望的结果。

- 单击 Build/Execute 菜单,或单击工具条中的运行按钮🔲。
- 弹出 DOS 操作方式文本窗口,根据要求输入有关的数据信息,如"长宽数据:1500,1000 和半径数据:100"。输入结束后,在文本窗口输出结果,如"地块总价为 734292.1 万元"。

(10) 将输入数据和输出数据以注释形式编辑输入到源程序文件末尾(每行首字符为!)。

- 在左侧 Workspace 窗口中,双击项目 xm1 内的 chengxu1.f90 源程序文件,打开源程序文档窗口,在程序下方以注释形式输入输入/输出数据,或将输出数据窗口内容复制并粘贴到源程序文档中。熟练掌握复制和粘贴功能将会大大减轻输入工作量。

3. 程序编写

```
program ex01
real windspeed
print * , '请输入风速(10.8~28.4)'
```

```
read * ,windspeed
if(windspeed>=10.8.and.windspeed<=13.8)then
    PRINT * ,'风力等级为 6 级,名称为强风'
else if(windspeed>=13.9.and.windspeed<=17.1)then
    print * ,'风力等级为 7 级,名称为疾风'
else if(windspeed>=17.2.and.windspeed<=20.7)then
    print * ,'风力等级为 8 级,名称为大风'
else if(windspeed>=20.8.and.windspeed<=24.4)then
    print * ,'风力等级为 9 级,名称为烈风'
else if(windspeed>=24.5.and.windspeed<=28.4)then
    print * ,'风力等级为 10 级,名称为狂风'
else
    print * ,'你输入的风速有误'
end if
end
```

5.8.2　与子程序有关的应用

1. 根据已知资料和公式,计算各个格点的水汽压值

（1）应用内容

已知有区域（25°N～50°N,100°E～140°E）,水平分辨率为 5 纬度×10 经度的露点温度（℃）资料如图 5-57 所示,请利用公式（5-1）,计算各个格点的水汽压值（hPa）。

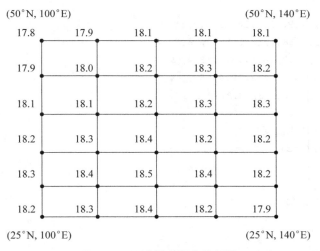

图 5-57　区域露点温度资料图

（2）应用步骤

算法思路的程序流程图如图 5-58 所示。

$$e = 6.11 \times 10^{\left(\frac{7.5 \times t_d}{237.3 + t_d}\right)} \qquad\qquad （式 5-1）$$

其中，t_d 为露点温度，e 为水汽压。

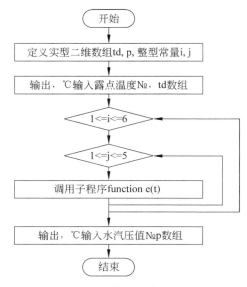

图 5-58　算法思路流程图

（3）程序编写

```
program ex033
implicit none
real td(6,5),p(6,5),e
external e
data td/17.8,17.9,18.1,18.2,18.3,18.2, &
      17.9,18.0,18.1,18.3,18.4,18.3, &
    18.1,18.2,18.2,18.4,18.5,18.4, &
    18.2,18.3,18.3,18.2,18.4,18.2, &
      18.1,18.2,18.3,18.2,18.2,17.9/
integer i,j
print *,'输入露点温度'
write(*,100)((td(i,j),j=1,5),i=1,6)
do i=1,6
do j=1,5
p(i,j)=e(td(i,j))
end do
end do
print *,'输出水汽压值'
write(*,100)((p(i,j),j=1,5),i=1,6)
100 format(1x,5f8.2)
end program
function e(t)
implicit none
```

```
real e,t
e=6.11 * 10 * * (7.5 * t/(237.3+t))
    end function e
```

Program ex033 输入/输出结果如图 5-59 所示。

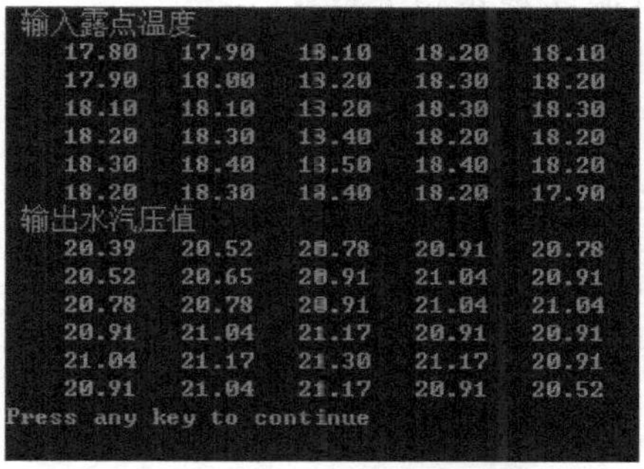

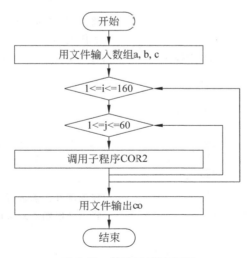

图 5-59　Program ex033 输入/输出图

2. 计算 1 月份蒙古高压强度与中国 160 站气温的相关关系

（1）应用内容

已知：1951—2010 年 1 月份蒙古高压强度指数序列和 1951—2010 年中国 160 站逐月气温站点资料。

计算：根据计算公式(5-2)，计算 1 月份蒙古高压强度与中国 160 站气温的关系。要求以"＊.dat"和"＊.grd"两种格式保存 1951—2010 年 1 月份蒙古高压强度与我国气温的同期相关数据。算法思路流程图如图 5-60 所示。

开始

用文件输入数组a, b, c

1<=i<=160

1<=j<=60

调用子程序COR2

用文件输出co

结束

图 5-60　算法思路流程图

若 x、y 的 n 对观测资料为 $x_1, x_2, \cdots, x_n$ 和 $y_1, y_2, \cdots, y_n$，则样本的相关系数 r_{xy} 可如下计算：

$$r_{xy} = \frac{\dfrac{1}{n}\sum\limits_{t=1}^{n}(x_t - \bar{x})(y_t - \bar{y})}{\sqrt{\dfrac{1}{n}\sum\limits_{t=1}^{n}(x_t - \bar{x})^2 \cdot \dfrac{1}{n}\sum\limits_{t=1}^{n}(y_t - \bar{y})^2}}$$ （式 5-2）

其中，x 表示压强，y 表示气温，r 表示相关系数。

（2）应用步骤

① 分析问题，理清算法和程序，设计程序流程图并编写程序。

② 启动软件开发环境 Microsoft Developer Studio。

③ 在 D 盘上创建新工作区 shixi041。

④ 在工作区 shixi041 内创建新项目 shixi041。

⑤ 在项目 shixi041 内创建源程序文件"mh. f90"，编辑输入源程序文本。

3. 程序编写

```fortran
program ex03
Implicit none
integer,parameter:: n=60,m=160          !声明年数和站点总数
integer i,j                             !声明循环变量
real a(n),b(n),c(m,n),co                !声明 3 个数组

open(1,file='F:\data\h-p.dat',form='formatted')
open(2,file='F:\data\t1601.txt',form='formatted')
open(3,file='F:\data\ptcor01.dat',form='formatted')
open(4,file='F:\data\ptcor01.grd',form='binary')         !打开 4 个文件,若没有则创建

read(1,*)(b(i),i=1,n)                   !将 60 年的压强赋值到数组中
close(1)                                !关闭文件
read(2,*)((c(i,j),i=1,m),j=1,n)         !将 160 个站点的 60 年温度记录到数组中
close(2)

do i=1,160
    do j=1,60
    a(j)=c(i,j)                         !将一个站点的 60 年温度赋值到一个数组中
    enddo

    call COR2 ( n, a, b, co)            !将温度和压强进行公式计算
    write(3,'(f12.5)') co               !将返回值输入到文件中
    write(4) co
enddo

close(3)
close(4)
end
```

```
subroutine COR2 ( n, a, b, co )          !子程序的声明
integer::n
real::co,b
dimension a(n),b(n)                      !以下是公式的计算步骤
sum=0

do i=1,n
    sum=sum+a(i)
enddo

avg=sum/n
bzc=0

do i=1,n
    a(i)=a(i)-avg
    bzc=a(i) * a(i)+bzc
enddo

bzc=sqrt(bzc/n)

do i=1,n
    a(i)=a(i)/bzc
enddo

sum=0
do i=1,n
    sum=sum+a(i) * b(i)
    enddo

    co=sum/n
    return
end
```

Program ex033 输入/输出结果如图 5-61 所示。

5.8.3　与 GrADS 相关的应用

1. 已知 1951—2010 年 1 月份蒙古高压强度、面积、位置指数序列，计算蒙古高压各指数的气候值、变率和距平，绘制蒙古高压强度、面积、位置指数距平的时间序列图，分析冬季蒙古高压的异常规律。

某数据资料时间序列的距平 x' 为数据资料 x_t 与其平均值 $\overline{x}\left(\overline{x}=\dfrac{1}{n}\sum\limits_{t=1}^{n}x_i\right)$ 之差（见公式(5-3)）。

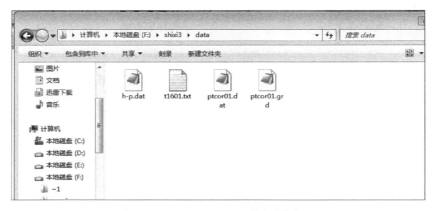

图 5-61　Program ex033 输入/输出图

$$x' = x_t - \bar{x}, \quad t = 1, 2, \cdots, n \qquad (式 5\text{-}3)$$

某数据资料的变率 σ 为其均方差,反映变量围绕平均值的平均变化程度,其计算公式如下:

$$\sigma = \sqrt{\frac{1}{n} \sum_{t=1}^{n} (x_i - \bar{x})^2} \qquad (式 5\text{-}4)$$

(1)问题分析

已知:1951—2010 年 1 月份蒙古高压强度、面积、经度、纬度指数序列资料 p. dat、s. dat、lon. dat、lat. dat。

计算:蒙古高压各指数的气候、变率和距平值。

绘制:1951—2010 年 1 月份蒙古高压强度、面积、位置指数距平的时间序列图。

通过分析,根据公式(5-4),求得蒙古高压 1 月份环流指数气候及异常值。根据 GrADS 中 line 和 bar 两种图形格式绘制方法,绘制蒙古高压环流指数的时间序列图。

(2)实现步骤

蒙古高压环流指数的气候和异常值计算。

- 分析问题,理清算法和程序,设计程序流程图并编写程序。
- 启动软件开发环境 Microsoft Developer Studio。
- 在 D 盘上创建新工作区 shixi4。
- 在工作区 shixi4 内创建新项目 shixi04。
- 在项目 shixi04 内创建源程序文件 mh. f90,编辑输入源程序文本。
- 在源程序文本中打开数据文件 p. dat、s. dat、lon. dat、lat. dat,并将其值读入到相应的数组中。
- 编写计算均值、变率和距平的子程序。
- 调用子程序分别计算强度、面积、经度、纬度环流指数的均值、变率和距平。
- 将蒙古高压环流指数的均值和变率写入 mh1. dat 和 mh1. grd 两个文件中。将蒙古高压环流指数的距平值写入 mh2. dat 和 mh2. grd 两个文件中。
- 编译、构建、运行、调试 Fortran 程序。

蒙古高压环流指数距平时间序列图绘制。

- 为蒙古高压环流指数距平数据文件 mh2. grd 书写数据描述文件 mh2. ctl，在此文件中定义 4 个变量 p、s、lo、la。
- 编写 mh2. gs 可执行文件，利用 GrADS 基本操作命令和 line、bar 两种绘图类型的绘图要素设置，以不同颜色和线形显示蒙古高压强度和面积时间序列图（曲线），分别以不同颜色显示蒙古高压经度和纬度时间序列图（柱状）。
- 将蒙古高压强度和面积时间序列图（曲线）保存到 mhline. gmf，将蒙古高压经度和纬度时间序列图（柱状）分别保存到 mhlonbar. gmf 和 mhlatbar. gmf 中。
- 启动 GrADS，调试、执行 mh2. gs。
- 分析蒙古高压气候及其异常特征。

（3）程序设计

以下程序用于蒙古高压环流指数气候及异常值计算（Fortran 程序编写）。

```fortran
program ex035
Implicit none
integer,parameter:: ny=60
real p(ny),s(ny),lon(ny),lat(ny),pa(ny),sa(ny),lona(ny),lata(ny),pav,sav,
lonav,latav,pd,sd,lond,latd
integer i,j,k
open(1,file='D:\shixi4\p.dat',form='formatted')
open(2,file='D:\shixi4\s.dat',form='formatted')
open(3,file='D:\shixi4\lon.dat',form='formatted')
open(4,file='D:\shixi4\lat.dat',form='formatted')
do i=1,ny
  read(1,*),p(i)
  read(2,*),s(i)
  read(3,*),lon(i)
  read(4,*),lat(i)
end do
close(1)
close(2)
close(3)
close(4)

call cha(ny,p,pa,pav,pd)
call cha(ny,s,sa,sav,sd)
call cha(ny,lon,lona,lonav,lond)
call cha(ny,lat,lata,latav,latd)

open(5,file='D:\shixi4\mh1.dat',form='formatted')
    write(5,*),pav,pd
    write(5,*),sav,sd
    write(5,*),lonav,lond
```

```
    write(5,*),latav,latd
close(5)
open(6,file='D:\shixi4\mh1.grd',form='binary')
    write(6),pav,pd
    write(6),sav,sd
    write(6),lonav,lond
    write(6),latav,latd
    close(6)
open(7,file='D:\shixi4\mh2.dat',form='formatted')

    write(7,*),pa(60)
    write(7,*),sa(60)
    write(7,*),lona(60)
    write(7,*),lata(60)
close(7)
open(8,file='D:\shixi4\mh2.grd',form='binary')

do i=1,ny
    write(8),pa(i)
    write(8),sa(i)
    write(8),lona(i)
    write(8),lata(i)
end do
close(8)
end
subroutine cha(ny,x,xa,xav,xd)
integer::ny
integer i
real::x(ny),xa(ny),xav,xd,sum
    sum=0
    do i=1,ny
        sum=sum+x(i)
    enddo
    xav=sum/ny
    xd=0
    do i=1,ny
        xa(i)=x(i)-xav
        xd=xa(i)*xa(i)+xd
    enddo
    xd=sqrt(xd/ny)
    return
end
```

以下程序用于蒙古高压环流指数距平值绘图(GrADS 程序编写)。

mh2. ctl

```
dset D:\shixi4\mh2.grd
undef-9.99E+33
title The Mongolian high pressure
xdef 1 levels 1
ydef 1 levels 1
zdef 1 levels 1
tdef 60 linear JAN1951 1yr
vars 4
p 0 0 qiangdu
s 0 0 mianji
lo 0 0 jingdu
la 0 0 weidu
endvars
```

mh2. gs

```
'reinit'
'open D:\shixi4\mh2.ctl'
'enable print D:\shixi4\mhline.gmf'
'set lat 1'
'set lon 1'
'set lev 1'
'set t 1 60'
'set gxout line'
'set ccolor 1'
'set cstyle 1'
'set cthick 6'
'set cmark 1'
'd p'
'set ccolor 2'
'set cstyle 2'
'set cthick 6'
'set cmark 2'
'd s'
'print'
'disable print'
'c'
'enable print D:\shixi4\mhlonbar.gmf'
'set gxout bar'
'set barbase 0'
'set bargap 30'
'set ccolor 3'
'd lo'
```

```
'print'
'disable print'
'c'
'enable print D:\shixi4\mhlatbar.gmf'
'set gxout bar'
'set barbase 0'
'set bargap 30'
'set ccolor 4'
'd la'
'print'
'disable print'
;
```

蒙古高压强度和面积时间序列如图 5-62 所示(实线表示强度,虚线表示面积)。

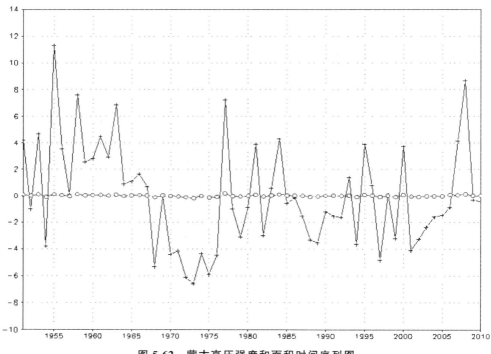

图 5-62　蒙古高压强度和面积时间序列图

蒙古高压经度时间序列如图 5-63 所示。

蒙古高压纬度时间序列如图 5-64 所示。

2. 利用 1948—2010 年 NCAR/NCEP 月平均气温和降水再分析资料(nc 格式文件),分析 1 月气温和降水气候特征。要求利用 Fortran 提取 1948—2010 年 1 月份数据并进行计算,以"＊.grd"格式保存 1948—2010 年 1 月份气温、降水气候场数据,用 GrADS 生成 1948—2010 年 1 月份气温、降水气候二维等值线和二维填色图两种格式叠加的图像,书写标题,并在高温、低温中心标记 H 和 L,保存并分析。

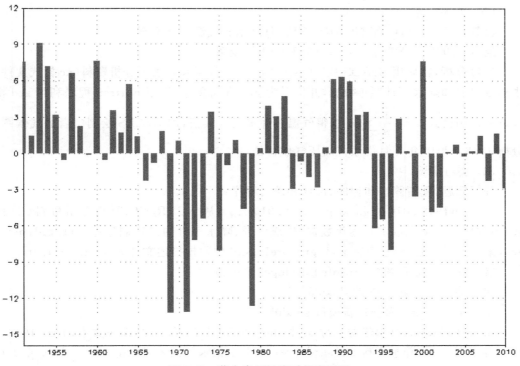

图 5-63　蒙古高压经度时间序列图

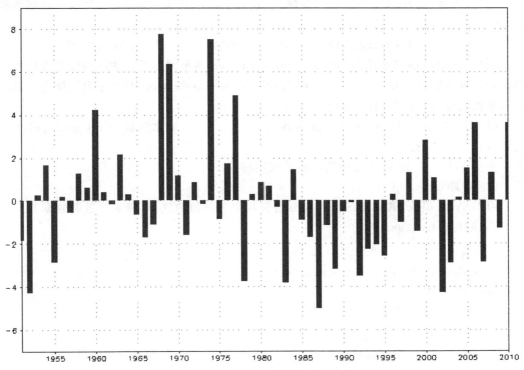

图 5-64　蒙古高压纬度时间序列图

（1）问题分析

已知：1948—2010 年 NCAR/NCEP 月降水和气温再分析资料。

绘制：1948—2010 年 1 月份气温和降水气候图。

通过分析，首先用 GrADS 从 NCAR/NCEP 月气温和降水再分析资料（nc 格式文件）中提取气温和降水 1 月逐年数据，并保存为 grd 格式文件，再用 Fortran 程序利用 grd 格式资料按照公式 $\bar{x} = \dfrac{1}{n}\sum\limits_{t=1}^{n} x_i$ 求得气温和降水的气候值，用 GrADS 绘制二者的气候图，分析 1948—2010 年 1 月份蒙古高压气候特征。

（2）实习步骤

分析问题，理清算法和程序，设计和编写程序。

书写 air1948-2010-1.gs 和 pre1948-2010-1.gs 从 NCAR/NCEP 再分析资料（nc 格式）中利用 fwrite 提取 1 月逐年数据，生成气温、降水 1 月的二进制数据 air1.grd、pre1.grd，编写 1 月气温、降水资料 air1.grd、pre11.grd 的数据描述文件 air1.ctl、pre1.ctl。

启动软件开发环境 Microsoft Developer Studio。

在 D 盘上创建新工作区 shixi05。

在工作区 shixi2 内创建新项目 shixi05。

在项目 shixi21 内创建源程序文件 shixi05.f90，编辑输入源程序文本，打开 1948—2010 年 1 月气温、降水资料 air1.grd、pre1.grd，根据求均值公式求得 1948—2010 年 1 月气温、降水气候场值。

编译、构建、运行、调试 Fortran 程序，生成 1948—2010 年 1 月气温、降水气候场数据 tc1.grd、pc1.grd。

打开记事本，编写 tc1.grd 和 pc1.grd 的数据描述文件 tc1.ctl 和 pc1.ctl。

利用 GrADS 的基本绘图命令和 contour、shaded 两种图形类型的图形设置方法和图形要素设置方法以及基本绘图命令，利用 printim 和 enable print 两种输出图像方法及输出图像格式设置，编写 tc1.gs 和 pc1.gs。

启动 GrADS，运行、调试 tc1.gs 和 pc1.gs，保存气温、降水气候图 tc1.gmf、pc1.gmf 或者 tc1.gif、pc1.gif。

分析 1948—2010 年 1 月份蒙古高压气候特征。

（3）程序设计

用 GrADS 提取 NCAR/NCEP 再分析资料中 1 月份的气温、降水二进制数据。

air1948-2010-1.gs

```
'reinit'
'sdfopen D:\shixi5\air.mon.mean.nc'
'set gxout fwrite'
'set fwrite D:\shixi5\air1.grd'
'set x 1 144'
'set y 1 73'
i=1
while(i<=756)
```

```
'set t 'i''
'd air'
i=i+12
endwhile
'disable fwrite'
;
```

① pre1948-2010-1. gs

```
j=1
'reinit'
'sdfopen D:\shixi5\pr_wtr.eatm.mon.mean.nc'
'set gxout fwrite'
'set fwrite D:\shixi5\pre1.grd'
'set x 1 144'
'set y 1 73'
i=1
while(i<=756)
'set t 'i''
'd pr_wtr'
i=i+12
endwhile
'disable fwrite'
;
```

编写 air1.grd、pre1.grd 数据描述文件 air1.ctl 和 pre1.ctl。

② air1.ctl

```
dset D:\shixi5\air1.grd
title air temperature of NCEP Reanalysi s in Jan
xdef 144 linear 0 2.5
ydef 73 linear- 90 2.5
zdef 1 linear 0 1
tdef 63 linear 00Z01JAN1948 1mo
vars 1
air 0 t,y,x Winter Air Temperature
endvars
```

③ pre1.ctl

```
dset D:\shixi5\pre1.grd
title precipitable water of NCEP Reanalysi s in Jan
undef - 9.96921e+36
xdef 144 linear 0 2.5
ydef 73 linear- 90 2.5
zdef 1 linear 0 1
tdef 63 linear 00Z01JAN1948 1mo
```

```
vars 1
pr_wtr 0 t,y,x precipitable water in Jan
endvars
```

(4) 计算 1948—2010 年 1 月份的气温、降水气候值

① shixi05.f90

```
program ex05
parameter(it=144,jt=73,lt=63)
dimension air(1:it,jt,lt),pre(1:it,jt,lt),tc1(1:it,jt),pc1(1:it,jt)
    real air(63,73,1)
real pre(63,73,1)
real tc1(63,73)
real pc1(63,73)
open(1,file='D:\shixi5\air1.grd',form='binary')
do l=1,lt
    read(1)((air(i,j,l),i=1,it),j=1,jt)
enddo
close(1)
open(2,file='D:\shixi5\pre1.grd',form='binary')
do l=1,lt
    read(2)((pre(i,j,l),i=1,it),j=1,jt)
enddo
close(2)
do j=1,jt
do i=1,it
    tc1(i,j)=0
    pc1(i,j)=0
enddo
enddo
!求每个格点 1 月份的气温、降水气候值
do j=1,jt
do i=1,it
do l=1,lt
    tc1(i,j)=tc1(i,j)+air(i,j,l)
    pc1(i,j)=pc1(i,j)+pre(i,j,l)
    enddo
    tc1(i,j)=tc1(i,j)/lt
    pc1(i,j)=pc1(i,j)/lt
  enddo
enddo

open(3,file='D:\shixi5\tc1.grd',form='binary')
    write(3)((tc1(i,j),i=1,it),j=1,jt)
close(3)
```

```
open(4,file='D:\shixi5\pc1.grd',form='binary')
    write(4)((pc1(i,j),i=1,it),j=1,jt)
close(4)
End
```

编写 tc1.grd、pc1.grd 数据描述文件 tc1.ctl、pc1.ctl。

② tc1.ctl

```
dset D:\shixi5\tc1.grd
title air temperature NCEP Reanalysis in Jan
undef - 9.96921e+36
xdef 144 linear 0 2.5
ydef 73 linear- 90 2.5
zdef 1 linear 0 1
tdef 63 linear 00Z01JAN1948 1mo
vars 1
air 0 t,y,x Air Temperature
endvars
```

③ pc1.ctl

```
dset D:\shixi5\pc1.grd
title winter precipitable water NCEP Reanalysis
undef - 9.96921e+36
xdef 144 linear 0 2.5
ydef 73 linear- 90 2.5
zdef 1 linear 0 1
tdef 63 linear 00Z01JAN1948 1mo
vars 1
pr_wtr 0 t,y,x Winter precipitable water
Endvars
```

绘制 1948—2010 年 1 月份的气温、降水气候图。

④ tc1.gs

```
'reinit'
'enable print D:\shixi5\tc1.gmf'
'open D:\shixi5\tc1.ctl'
'set grads off'
'set x 1 144 '
'set y 1 73 '
'set t 1'
'set gxout shaded'
'd air'
'set gxout contour'
'set csmooth on'
```

```
'draw title The temperature in Jan from 1948 to 2010'
'd air'
'set string 3 c 1.2'
'draw string 4 3.5 H'
'set string 11 c 1.2 '
'draw string 2.87 5.32 L'
'draw string 5.10 7.02 L'
'draw string 8.64 3.58 L'
'draw string 2.55 1.46 L '
'print'
'disable print'
;
```

⑤ pc1.gs

```
'reinit'
'enable print D:\shixi5\pc1.gmf'
'open D:\shixi5\pc1.ctl'
'set grads off'
'set lon 0 360'
'set lat-90 90'
'set t 1'
'set gxout shaded'
'd pr_wtr'
'set gxout contour'
'set csmooth on'
'draw title The precipatation in Jan from 1948 to 2010'
'd pr_wtr'
'print'
'disable print'
```

气温场的气候特征如图 5-65 所示。

降水场的气候特征如图 5-66 所示。

5.8.4 数据文件的转换及数据描述文件的建立

1. 应用内容

现有 data 文件夹 ASCII 码数据资料文件：月平均风场（u200.dat、u850.dat、v200.dat、v850.dat），月平均高度场（hgt500.dat）。资料的水平网格范围是 $m \times n$ 个网格点（$m=37$，$n=17$），分辨率为 $2.5° \times 2.5°$，范围为自西向东经度 $60°E \sim 150°E$，由南至北纬度 $0°E \sim 40°N$。时段为 2002 年 1 月至 2005 年 12 月，共 48 个月。

2. 应用步骤

（1）安装 GrADS 运行软件（1.8 版本或 2.0 版本）。

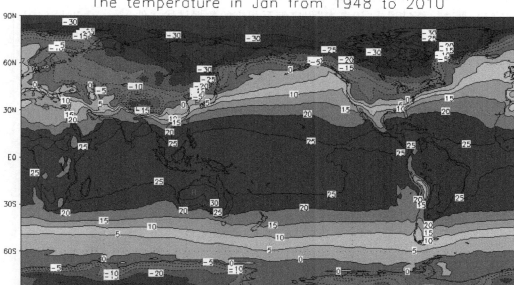

图 5-65 气温场的气候特征图

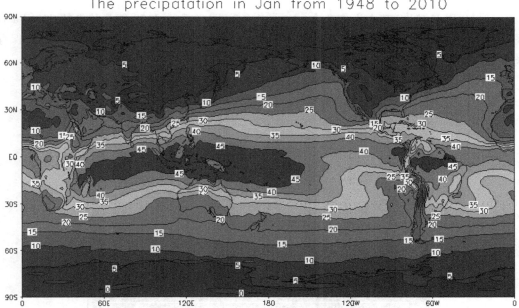

图 5-66 降水场的气候特征图

（2）利用"写字板"程序打开 ＊.dat 数据文件，熟悉该数据资料。

（3）按要求编写 Fortran 程序，将所给的 ASCII 码数据资料文件转换成二进制无格式直接存取文件,结果保存为 uv.grd 和 hgt.grd。

（4）通过"写字板"或"记事本"程序编写相应的数据描述文件：uv.ctl 和 hgt.ctl。

（5）画出 2002 年 1 月份的 850hPa 风场图,与图 5-67 比较验证数据正确性。

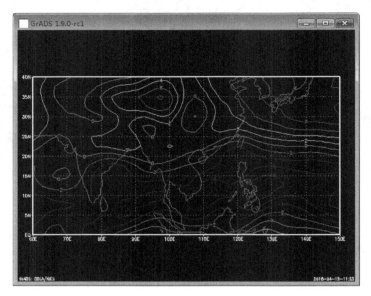

图 5-67　200hPa uv 风场图形

（6）利用 GrADS 基本操作命令（open ∗.ctl,d ∗）显示 2002 年 7 月份的 850hPa 和图 5-67 所示的 200hPa uv 风场图形及图 5-68 所示的 500hPa 位势高度场图形,最后保存图形（printim ＜路径＞∗.png）。

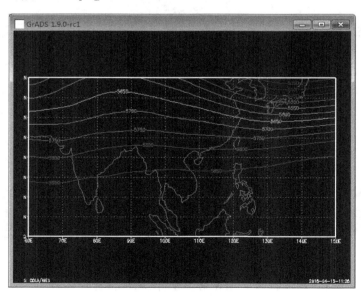

图 5-68　500hPa 位势高度场图形

3．程序代码

```fortran
program ex02
implicit none
integer,parameter:: nx=17,ny=37
real x(nx,ny),y(nx,ny)
integer i,j

open(1,file='D:\u200.dat',form='formatted')
open(2,file='D:\u850.dat',form='formatted')
do i=1,nx
    do j=1,ny
    read(1,*),x(i,j)
    read(2,*),y(i,j)
    end do
end do
close(1)
close(2)

open(3,file='D:\u200.grd',form='binary')
do i=1,nx
    do j=1,ny
    write(3),x(i,j)
    end do
end do
close(3)

open(4,file='D:\u850.grd',form='binary')
do i=1,nx
    do j=1,ny
    write(4),y(i,j)
    end do
end do
close(4)

end
```

第6章

气象信息系统开发实例

6.1 Java 开发及实例

6.1.1 仿照实现 Micaps 3 主界面

Micaps 3 主界面如图 6-1 所示。

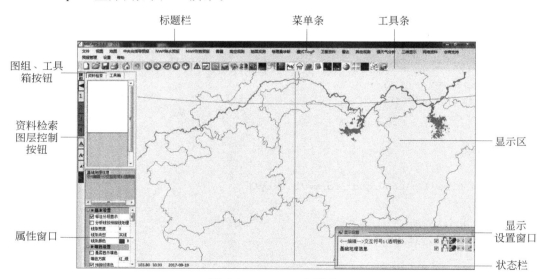

图 6-1 Micaps 3 主界面

1. 启动 Java

启动 Java 的过程如图 6-2 所示。

2. 新建

新建过程如图 6-3 至图 6-8 所示。

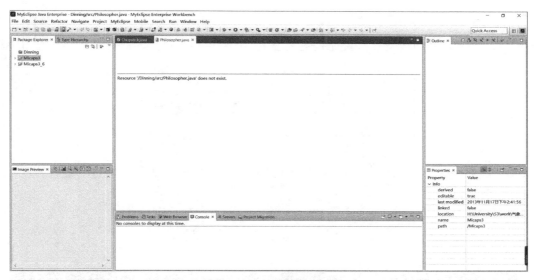

图 6-2 启动 Java

图 6-3 新建 Java(1)

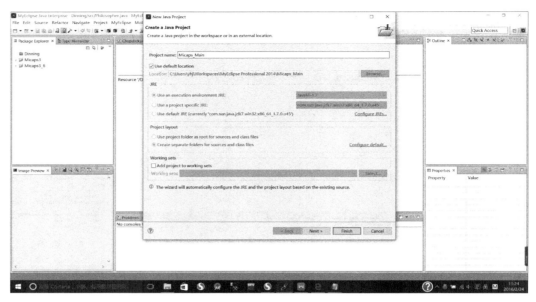

图 6-4　新建 Java(2)

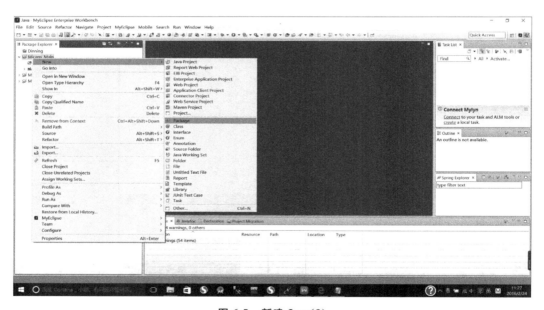

图 6-5　新建 Java(3)

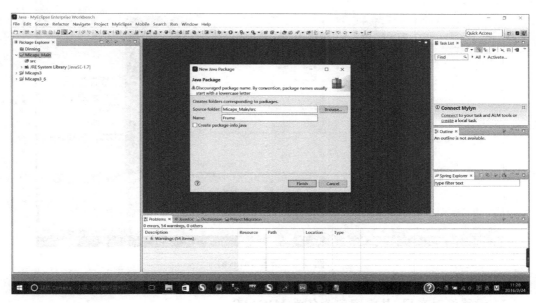

图 6-6　新建 Java(4)

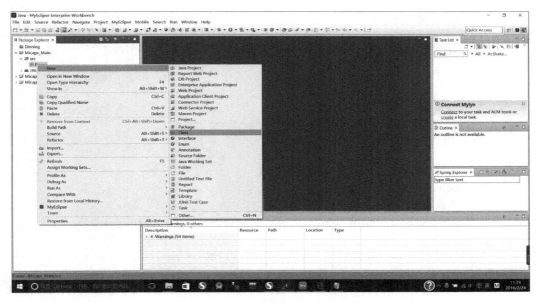

图 6-7　新建 Java(5)

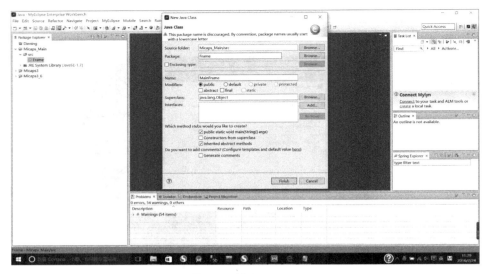

图 6-8　新建 Java(6)

3. 设置绝对布局,并将窗口命名为 MICAPS

代码如下:

```
public class MainFrame {
    public static void main(String[] args) {
        new MicapsFrame();
    }
}
    class MicapsFrame extends JFrame{
    JDesktopPane desktopPane;
    public MicapsFrame()
    {
        //设置窗体属性,采用默认的绝对布局
        super();
        //设定窗体出现在屏幕的正中央
        Dimension scrnDim=Toolkit.getDefaultToolkit().getScreenSize();
                                        //获取屏幕的大小
          setBounds (200, 100, (int) ((1000.0/1280) * scrnDim.getWidth()), (int)
((800.0/1024) * scrnDim.getHeight()));         //设置窗体大小和位置
        setDefaultCloseOperation(JFrame.DISPOSE_ON_CLOSE);   //设置窗体关闭方式
        setTitle("MICAPS3");                  //为窗体命名
        setVisible(true);                   //一定要设置窗体可见
        java.awt.Container c=getContentPane(); //窗体其实就是一个容器,获取该容器
        desktopPane=new JDesktopPane();          //创建桌面面板
        desktopPane.setBounds(0,50,this.getSize().width,this.getSize().height
        -50);             //设置桌面面板大小和位置
        c.setLayout(null);        //设置布局属性为空,即默认的绝对布局方式
```

```
        }
}
```

操作结果如图 6-9 所示。

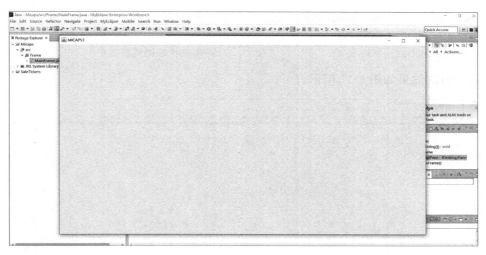

图 6-9　设置绝对布局

4．为窗口添加菜单组件

代码如下：

```
menuBar=new JMenuBar();                       //为窗口添加菜单组件
menuBar.setBounds(0,0,this.getSize().width,20);  //设置菜单栏的属性
c.add(menuBar);                               //将菜单栏添加到容器中
```

添加后的效果如图 6-10 所示。

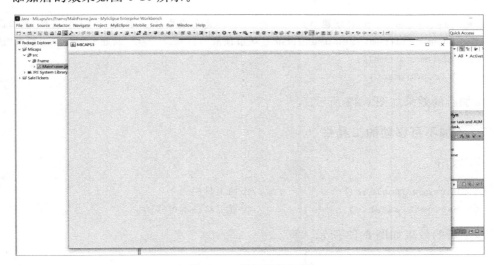

图 6-10　添加菜单组件

5. 将菜单栏选项添加到菜单组件

代码如下：

```
JMenu menuFile=new JMenu("文件");          //将菜单栏的选项"文件"添加到菜单栏中
menuBar.add(menuFile);
c.add(menuBar);                            //将菜单栏添加到容器中
```

添加后的效果如图 6-11 所示。

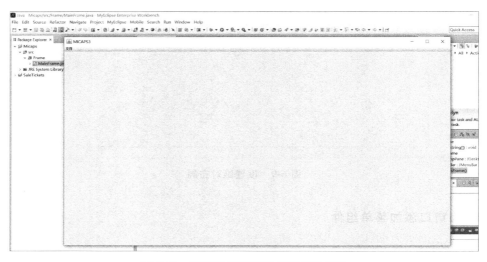

图 6-11　将菜单栏选项添加到菜单组件

6. 给菜单栏的选项添加子级菜单选项

代码如下：

```
JMenu menu=new JMenu("新建");                      //将子级菜单栏"新建"添加到"文件"菜单选项
JMenuItem menuItem1=new JMenuItem("城市预报");      //给"新建"添加"城市预报"选项
menu.add(menuItem1);
menuFile.add(menu);
```

添加后的效果如图 6-12 所示。

7. 添加不可移动的工具栏

代码如下：

```
toolBar=new JToolBar();              //添加工具栏
toolBar.setFloatable(false);         //设置工具栏不可移动
```

添加后的效果如图 6-13 所示。

图 6-12　添加子级菜单选项

图 6-13　添加不可移动的工具栏

8. 在工具栏上添加按钮信息，注意修改图片路径

代码如下：

```
JButton btn_1=new JButton(new ImageIcon("H:/University/S3/work/气象书/气象书资
料/mali2014/mali完成/mali2/Micaps3.4/res/新建.png"));        //给按钮添加提示信息
btn_1.setToolTipText("新建交互层");
toolBar.add(btn_1);                                         //将按钮添加到工具栏中
```

添加后的效果如图 6-14 所示。

图 6-14　添加按钮信息

9. 给工具栏的"打开文件"按钮添加事件，在桌面面板左侧添加选项卡面板

代码如下：

```
btn_2.setToolTipText("打开文件");                    //给工具栏的按钮添加事件
    btn_2.addActionListener(
            new ActionListener(){
            public void actionPerformed(ActionEvent arg0) {
                //TODO Auto-generated method stub
                JFileChooser file=new JFileChooser ();
                //打开文件选择对话框
                int returnValue=file.showOpenDialog(getContentPane());
            }
        }
    panel=new JPanel();
            panel.setBounds(0,0,(int) ((200.0/1000) * this.getSize().width),
this.getSize().height-50);                    //设置容器的位置
            panel.setLayout(null);                //在桌面面板左侧添加选项卡面板
            paneLeft=new JTabbedPane(JTabbedPane.LEFT);
            paneLeft.setBounds(0,0,(int) ((200.0/1000) * this.getSize().width),
this.getSize().height-50);                    //设置左侧面板位置
            panel.add(paneLeft);                //给左侧面板添加容器
            desktopPane.add(panel);
c.add(desktopPane);
```

添加后的效果如图 6-15 所示。

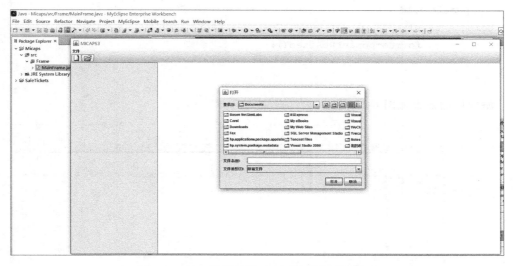

图 6-15 给工具栏的"打开文件"按钮添加事件

10. 给主界面添加"显示设置"面板,内部窗体添加组件

代码如下:

```
splitLeft=new JSplitPane(JSplitPane.VERTICAL_SPLIT);              //图层数据控制面板
splitLeft.setDividerLocation(300);
JTabbedPane leftJPanel=new JTabbedPane(JTabbedPane.TOP);
JScrollPane scrollTuzu=new JScrollPane();
JPanel scrollPane=new JPanel(new GridLayout(0,5));
leftJPanel.addTab("图组",scrollTuzu);
leftJPanel.addTab("工具箱",scrollPane);
splitLeft.setTopComponent(leftJPanel);                          //给滑动面板添加组件
paneLeft.addTab("",new ImageIcon("H:/University/S3/work/气象书/气象书资料/
mali2014/mali完成/mali2/Micaps3.4/res/图层数据属性控制.png"),splitLeft);
//在桌面面板的右下角添加内部窗体
internalFrame=new JInternalFrame("显示设置",false,true,false,false);
internalFrame.setBounds(this.getSize().width-400,this.getSize().height-230,
400,150);
internalFrame.setVisible(true);
//给内部窗体添加组件
JLabel labelBianji=new JLabel("<--编辑-->交互符号");
JLabel labelJichuxinxi=new JLabel("基础地理信息");
internalFrame.getContentPane().setLayout(new GridLayout(2,2));
internalFrame.getContentPane().add(labelBianji);
internalFrame.getContentPane().add(labelJichuxinxi);
desktopPane.add(internalFrame,new Integer(Integer.MIN_VALUE));
addComponentListener(new java.awt.event.ComponentAdapter() {
```

```
        public void
componentResized(java.awt.event.ComponentEvent evt) {
                formComponentResized();
        }
});
```

添加后的效果如图 6-16 所示。

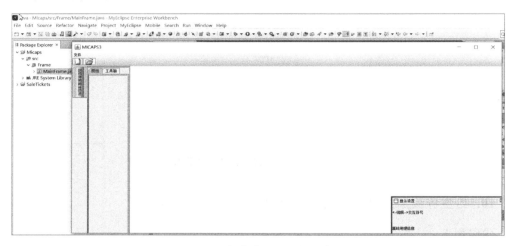

图 6-16 添加"显示设置"面板

11. 在检索面板中添加"资料检索"选项

代码如下：

```
DefaultMutableTreeNode rootNode=new DefaultMutableTreeNode("zht");
                                        //给检索面板添加树组件
    DefaultMutableTreeNode childNode=new  DefaultMutableTreeNode ( " 雷 达 ",
    false);
    rootNode.add(childNode);
    JTree tree   =new  JTree         (rootNode);
```

添加后的效果如图 6-17 所示。

12. 完成"图组"和"工具箱"的功能

代码如下：

```
        JLabel label1=new JLabel(new
ImageIcon("H:/University/S3/work/气象书/气象书资料/mali2014/mali 完成/mali2/
Micaps3.4/res/无风.png"));
        label1.setToolTipText("无风");
        scrollPane.add(label1);
        JLabel label2=new JLabel(new
```

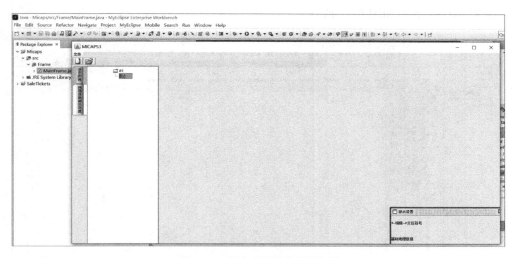

图 6-17　添加"资料检索"选项

ImageIcon("H:/University/S3/work/气象书/气象书资料/mali2014/mali 完成/mali2/
Micaps3.4/res/2-3级风.png"));
　　　　label2.setToolTipText("2-3级风");
　　　　scrollPane.add(label2);
　　　　JLabel label3=new JLabel(new
ImageIcon("H:/University/S3/work/气象书/气象书资料/mali2014/mali 完成/mali2/
Micaps3.4/res/3-4级风.png"));
　　　　label3.setToolTipText("3-4级风");
　　　　scrollPane.add(label3);

效果如图 6-18 所示。

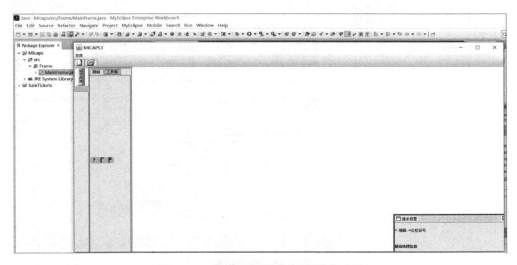

图 6-18　完成"图组"和"工具箱"的功能

MICAPS 主界面如图 6-19 所示。

图 6-19　MICAPS 主界面

6.1.2　实现三线图的界面

1. 新建一个 Class，命名为 SanXianTu

新建过程如图 6-20 所示。

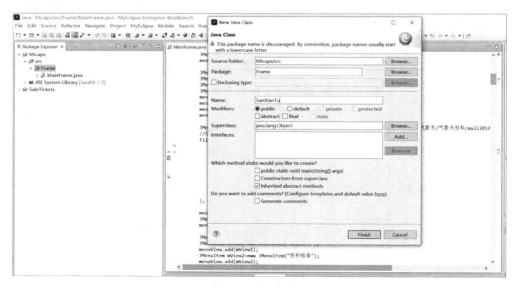

图 6-20　新建过程

2. 创建一个容器,并确定窗口位置

代码如下:

```
setBounds(100, 100, 1000, 700);          //设置组件在容器中的位置
setDefaultCloseOperation(JFrame.EXIT_ON_CLOSE);
                                         //用户单击窗口的关闭按钮时程序执行的操作
setVisible(true);                        //可视化
```

创建过程如图 6-21 所示。

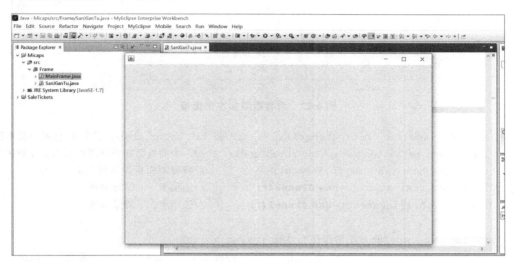

图 6-21　创建容器

3. 为容器添加左侧面板,将窗口命名为"三线图"

代码如下:

```
setTitle("三线图");                         //为窗体命名
mySplitPane=new JSplitPane();               //设置水平分割面板,将面板水平分割
labelLeft=new JPanel();                     //左侧面板
mySplitPane.setRightComponent(labelLeft);
getContentPane().add(mySplitPane);          //添加到容器中
```

添加后的效果如图 6-22 所示。

4. 在左侧面板中设置选项卡

代码如下:

```
labelLeft.setLayout(null);                  //设定空的绝对布局
lab_color_change=new JLabel("颜色改变实例"); //改变颜色实例
lab_color_change.setBounds(50, 37, 150, 43); //设置组件在容器中的位置
```

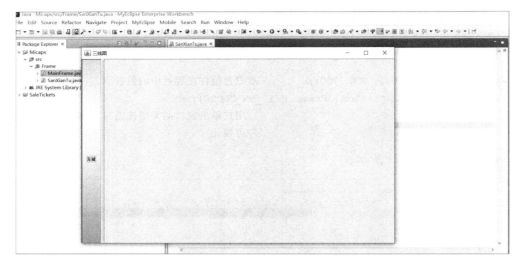

图 6-22 为容器添加左侧面板

```
labelLeft.add(lab_color_change);                  //将 lab_color_change 添加到左侧的文本区
mySplitPane.setLeftComponent(myTabbedPane);        //一个面板添加到分割面板的左分割区域
getContentPane().add(mySplitPane);                //将分割面板添加到当前窗口中
JPanel lab_tuxingcaozuo=new JPanel();             //选项卡一：图形操作
JPanel lab_beijingshezhi=new JPanel();            //选项卡二：背景设置

myTabbedPane.addTab("图形操作", lab_tuxingcaozuo);
                                                  //将 lab_tuxingcaozuo 命名为图形操作
myTabbedPane.addTab("背景设置", lab_beijingshezhi);
                                                  //将 lab_beijingshezhi 命名为背景设置
lab_tuxingcaozuo.setLayout(null);
JButton btn_color=new JButton("颜色");
btn_color.setBounds(21, 160, 70, 23);
lab_tuxingcaozuo.add(btn_color);
```

设置后的效果如图 6-23 所示。

5. 添加监听事件,编写调用窗体大小变化处理函数

注意添加 ActionListener 接口,代码如下：

```
btn_color.addActionListener(this);                  //设置颜色事件监听器,当出现单击时触发
    Dimension scrnDim=Toolkit.getDefaultToolkit().getScreenSize();
    int x=(scrnDim.width-this.getSize().width)/2;        //计算本窗体的 x 位置
    int y=(scrnDim.height-this.getSize().height)/2;      //计算本窗体的 y 位置
    this.setLocation(x, y);                             //设置窗口位置
    mySplitPane.setDividerLocation((this.getSize().width/5) * 4);
                                                        //窗体大小变化调用此方法
    addComponentListener(new java.awt.event.ComponentAdapter() {
```

图 6-23　在左侧面板中设置选项卡

```
    //设置监听器,对窗体的大小进行捕捉
public void componentResized(java.awt.event.ComponentEvent evt) {
        formComponentResized();                    //调用窗体大小变化处理函数
                }
private void formComponentResized() {
        mySplitPane.setDividerLocation((SanXianTu.this.getSize().width/5) * 1);
                                    //窗体大小变化调用此方法

                }
        });

    }
```

效果如图 6-24 所示。

6. 实现"颜色"按钮功能

代码如下：

```
@Override
    public void stateChanged(ChangeEvent arg0) {
    Color selectedColor_background=jcc_background.getColor();
                                    //得到背景颜色的设置
    Color selectedColor_text=jcc_text.getColor();       //得到选项卡中颜色的设置
    labelLeft.setBackground(selectedColor_background);
                                    //设置背景相应的字体和背景颜色
    lab_color_change.setForeground(selectedColor_text);
                                    //设置相应的字体和背景颜色

    }
@Override
```

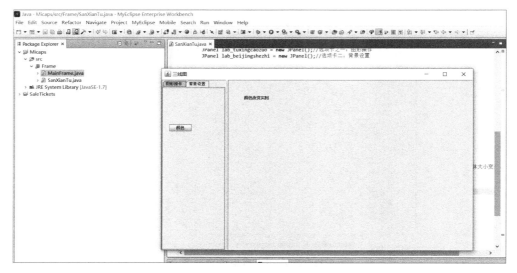

图 6-24　添加监听事件

```
public void actionPerformed(ActionEvent e) {

    String evtCmd=e.getActionCommand();                    //获得单击的按钮
        if(evtCmd.equals("颜色")){
                    //判断单击的按钮是否为颜色,是则自执行 event_handle_color
     event_handle_color();
     }
    }
    private void event_handle_color(){
    JDialog dlg=new javax.swing.JDialog();                 //新建一个 JDialog 窗口
    dlg.setBounds(400, 100, 100, 50);                      //设置其生成时所在的位置
    dlg.setTitle("颜色");                                   //设置窗口名为颜色
    jcc_background.getSelectionModel().addChangeListener(this);
    jcc_text.getSelectionModel().addChangeListener(this);
//作为独立的颜色选择器,可以给其构造器一个初始颜色
    Container c=dlg.getContentPane();
    JTabbedPane myColorTabbedPane=new JTabbedPane();       //声明一个选项卡面板

    JPanel background_Color=new JPanel();                  //新建标签页
    JPanel text_color=new JPanel();                        //新建标签页
    myColorTabbedPane.addTab("背景颜色设置", background_Color);
                                                           //放入 tab 的选项标签页
    myColorTabbedPane.addTab("文字颜色设置",text_color);
                                                           //放入 tab 的选项标签页
    background_Color.add(jcc_background,BorderLayout.CENTER);
                    //给每个标签选项加入现成的颜色选择面板 JColorChooser
    text_color.add(jcc_text,BorderLayout.CENTER);
```

```
c.add(myColorTabbedPane);                           //把选项卡面板放入窗口中
dlg.pack();
dlg.setVisible(true);                               //显示该窗口
dlg.setDefaultCloseOperation(JDialog.DISPOSE_ON_CLOSE);
                                //设置窗口在单击"关闭"按钮后执行窗口的关闭操作
}
```

效果如图 6-25 至图 6-27 所示。

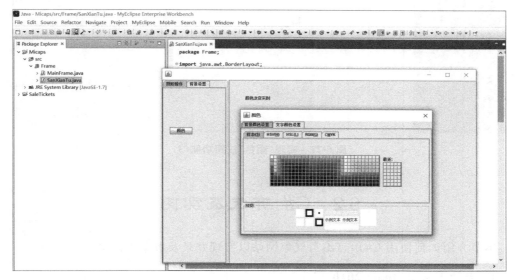

图 6-25　实现"颜色"按钮功能(1)

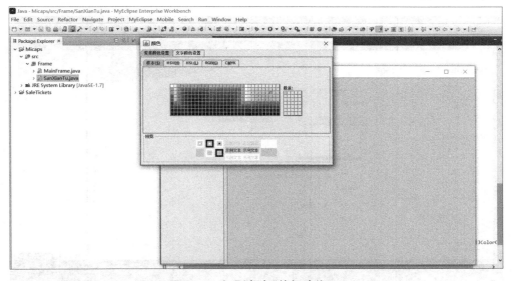

图 6-26　实现"颜色"按钮功能(2)

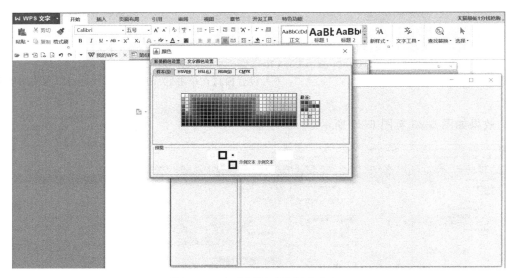

图 6-27 实现"颜色"按钮功能（3）

6.2 C# 开发及实例

本节介绍如何使用 C#语言编写气象网站以实现登录及数据库连接。

1. 启动 Visual studio 2010

启动界面如图 6-28 所示。

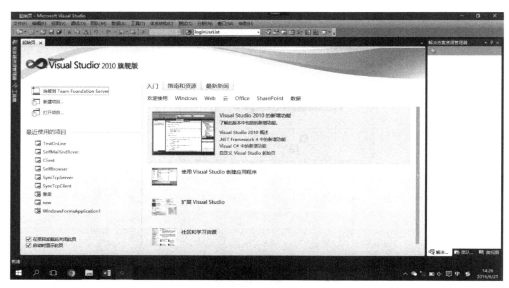

图 6-28 启动界面

2. 新建项目

新建→网站→asp. net 网站→确定。

新建过程如图 6-29 和图 6-30 所示。

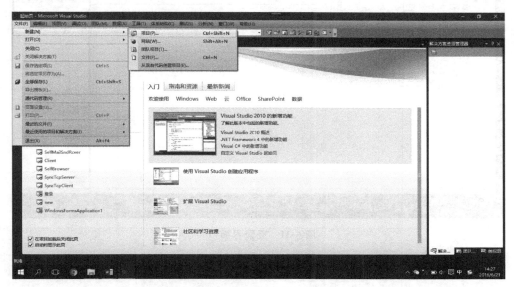

图 6-29 新建项目(1)

图 6-30 新建项目(2)

3. 登录界面

网站→添加新项→Web 窗体→名称：Login. aspx。

登录界面如图 6-31 和图 6-32 所示。

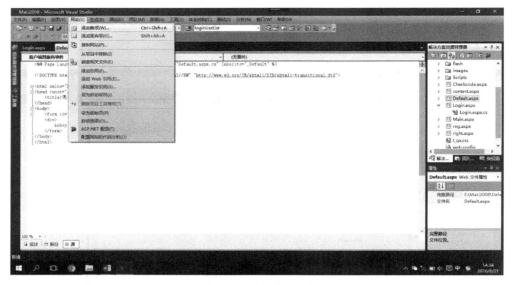

图 6-31　登录界面(1)

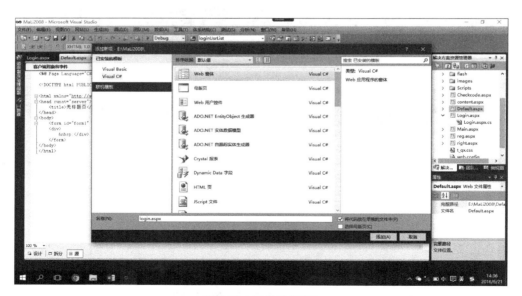

图 6-32　登录界面(2)

在 Login.aspx 中编写代码。登录界面整体视图如图 6-33 所示。

4. 网页名称设置

代码如下：

```
<html xmlns="http://www.w3.org/1999/xhtml">
<head runat="server">
```

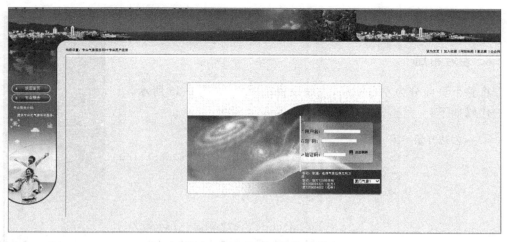

图 6-33　登录界面整体视图

```
<meta http-equiv="Content-Type" content="text/html; charset=utf-8" />
<title>登录页面</title>

<link href="t_qx.css" rel="stylesheet" />

 <script src="Scripts/AC_RunActiveContent.js" type="text/javascript">
</script>

<style type="text/css">
    </style>
</head>
<body>
```

5. 设置网站名称

设置网站名称，为背景添加 gif 格式的图片，如图 6-34 所示。

图 6-34　为背景添加 gif 格式的图片

代码如下：

```
<table align="center" border="0" cellpadding="0" cellspacing="0" height=
"121px"
    width="100%">
    <tr>
        <td background="images/t_top01.gif" valign="top">
        </td>
```

```
        </tr>
</table>
```

6. 左右布局

将整个页面分为左右布局,左边设置菜单栏,如图 6-35 所示。
代码如下:

图 6-35   左右布局

```
<!--左边开始-->
        < table border="0" cellpadding="0" cellspacing
        ="0" width="100%">
        <tr>
            <td>
                < img height="167" src="images/t_
                top02.gif" width="210" /></td>
        </tr>
</table>
        < table background =" images/t _ bg01. gif "
        cellpadding="0" cellspacing="0"
        style="WIDTH: 180px">
        <tr>
            < td align="middle" class="bj2" onclick="changeTR(1,9)"
            valign="center">
                <div align="center">
                    <span style="CURSOR: hand">返回首页</span>
                </div>
            </td>
        </tr>
        <tr>
            <td class="tel" height="3" valign="center">
            </td>
        </tr>
        <tr>
            < td align="middle" class="bj2" onclick="changeTR(2,9)"
            valign="center">
                <div align="center">
                    <p>
                            专业服务</p>
                </div>
            </td>
        </tr>
        <tr>
            <td align="left" class="wd12bai" height="3" valign="center"
            >
```

```
                            <br />
                                  专业服务介绍：
                            <br />
                            <br />
                                   
                             提供专业的气象咨询服务</td>
                    </tr>
                </table>
                <table border="0" cellpadding="0" cellspacing="0" width="100%">
                    <tr>
                        <td>
                            <img height="335" src="images/t_dh02.gif" width="180" /
></td>
                    </tr>
                </table>
<SCRIPT language = JavaScript > var  intOldParentID = 2, intOldChild = 9; function
changeTR(parentID,childID){    if(intOldParentID !=parentID)    {    for(var i
=0; i < intOldChild; i ++)    {    var sss = document. getElementById ("tr_"+
intOldParentID+"_"+i);    if(sss)    sss.style.display="none"    }
intOldParentID= parentID;    intOldChild = childID;    }    for (var i = 0; i <
childID;i++)    {    var sss=document.getElementById("tr_"+parentID+"_"+i);
  if(sss)    sss.style.display="";    }    }</SCRIPT>
                </td>
                <td valign="top">
                    <table border="0" cellpadding="0" cellspacing="0" height="20px"
                    width="100%">
                        <tr>
                            <td>
                            </td>
                        </tr>
                    </table>
```

7. 登录界面

右边为登录界面的主题部分，在此部分显示当前的位置及时间，并设置一些快捷操作，如图 6-36 所示。

图 6-36 登录界面主题部分

```
<table align="center" border="0" cellpadding="0" cellspacing="2" height="405"
                width="100%">
```

```
            <tr>
                <td valign="top">
                    < table border="0" cellpadding="0" cellspacing="0"
                    height="30px" width="100%">
                        <tr>
                            <td class="wd12hei">
                                当前位置：专业气象服务网 &gt;&gt;专业用户登
                                录</td>
                             <td align="middle" class="wd12lan" width="
                             180">
< SCRIPT language=JavaScript>
today=new Date();
year=today.getYear();
month=today.getMonth()+1;
day=today.getDate();
if (year<2000) year+=1900;
document.write("今天是："+year+"年"+month+"月"+day+"日");
</SCRIPT>

< SCRIPT language=JavaScript>
today=new Date();
dayofweek=today.getDay();
Day=new Array(7);
Day[0]="日"; Day[1]="一";
Day[2]="二"; Day[3]="三";
Day[4]="四"; Day[5]="五";
Day[6]="六";
document.write("星期"+Day[dayofweek]);
</SCRIPT>
                                </td>
                                <td class="wd12hei" width="295">
                                    <div align="right">
                                        <a class="wd12hei" href="#">设为主页
</a> | <a class="wd12hei" href="#">加入收藏</a>
                                         | <a class="wd12hei" href
="#">网站地图</a> | <a class="wd12hei" href="#">意见箱</a>
                                         | <a class="wd12hei" href
="#">公众网</a></div>
                                </td>
                                <td class="wd12hei" width="10">
                                     </td>
                            </tr>
                    </table>
                     < table border="0" cellpadding="0" cellspacing="0"
```

```
                        width="100%">
                    <tr>
                        <td width="22">
                            <img height="10" src="images/t_s01a.gif"
                            width="22" /></td>
                         <td background="images/t_s02a.gif" class="
                         wd12bai">
                        </td>
                        <td background="images/t_s02a.gif">
                            <div align="right">
                                <img height="10" src="images/t_s03a.
                                gif" width="9" /></div>
                        </td>
                    </tr>
                </table>
```

8. 添加信息

添加用户名、密码等信息,并设置"登录""注册""重置"等按钮,供单击实现跳转。
效果如图 6-37 所示。

图 6-37　登录界面

```
<table align="center" border="0" cellpadding="0" cellspacing="0" width="715">
                    <tr>
                        <td width="419">
                            <img src="images/login_03.gif" style="
height: 214px; width: 414px" /></td>
                            <td background="images/login_02.gif" valign
="top">
                                <table align="center" border="0"
cellpadding="0" cellspacing="0" width="90%">
                                <tr>
                                    <td height="50">
                                         </td>
                                </tr>
                                </table>
```

```
                                                    < img height="10" src="images/login_06.
gif" width="10" />用户名：
                                                    < input id="txtLoginUsr" runat="server"
class="textfield" name="txtLoginUsr"
                                                    type="text" /><br />
                                        <br />
                                                    < img height="10" src="images/login_07.
gif" width="10" />密   码：
                                                    < input id="txtPwd" runat="server" class
="textfield" name="txtPws"
                                                    type="password" /><br />
                                        <br />
                                                    < img height="10" src="images/login_08.
gif" width="10" />验证码：
                                                    < input id="txtCheckCode" runat="server"
class="textfield" name="txtCheckCode"
                                                    size="10" type="text" />
                                                    < img id="checkcode" alt="单击刷新" class
="wd12hei"
                                                    onclick="javascript:this.src= '
Checkcode.aspx? r='+Math.random()"
                                                    src="Checkcode.aspx" />
                                                    < table align="center" border="0"
cellpadding="0" cellspacing="0" width="96%">
                                        <tr>
                                            <td height="30">
                                                <div align="center">
                                                     <asp:ImageButton
                                                        ID="ImageButton1"
runat="server"
                                                        ImageUrl="~ /images/
login_12.gif" onclick="btnLogin_Click" Height="16px"
                                                        Width="42px" />
                                                     
                                                     <asp:ImageButton ID
="ImageButton2" runat="server"
                                                        ImageUrl="images/
login_10.gif" onclick="btn_Reset_Click" />
                                                     
                                                     <asp:ImageButton ID
="ImageButton3" runat="server"
                                                        ImageUrl="images/
login_11.gif" onclick="btn_Reg_Click" />
                                                </div>
```

```
                                                          </td>
                                                      </tr>
                                                  </table>
```

9. 实验功能操作

实验功能操作，单击"登录"按钮，在 cx 文件中添加事件响应函数。

```
protected void btnLogin_Click(object sender, ImageClickEventArgs e)
    {
        string name=txtLoginUsr.Value;
        string pwd=txtPwd.Value;
        string checkCode=txtCheckCode.Value;
        string code=Session["checkcode"].ToString();
        if (checkCode==null || checkCode=="" || checkCode !=code)
        {
            Response.Write("<script language='javascript'>alert('验证码不正确,
请单击验证码进行刷新后,重新输入!')</script>");
            txtLoginUsr.Value=name;
            txtPwd.Value=pwd;
            txtCheckCode.Value="";
            txtCheckCode.Focus();
        }
        else if (name==null || name=="" || pwd==null || pwd=="")
        {
            Response.Write("<script language='javascript'>alert('用户名或密码
                                                不能为空!')</script>");
            txtLoginUsr.Value="";
            txtPwd.Value="";
            txtCheckCode.Value="";
            txtLoginUsr.Focus();
        }
        else
        {
        LoginUsr loginUsr=null;
        LoginUsrList loginUsrList=new LoginUsrList();
        bool isExistLogin=loginUsrList.isExit(name);
        if (isExistLogin)
        {
            loginUsr=loginUsrList.FindbyLoginName(name);
        }
        else
        {
            Response.Write("<script language='javascript'>alert('用户名不
存在')</script>");
```

```
            txtLoginUsr.Value="";
            txtPwd.Value="";
            txtCheckCode.Value="";
            txtLoginUsr.Focus();
            return;
        }

        if (Security.MD5_32(pwd)==loginUsr.Password)
        {
            Session["right"]=loginUsr.UserRight;
            Response.Write("<script language='javascript'>this.parent.
document.URL='main.aspx';this.parent.getElementById('content').src='';</
script>");
            //Response.Redirect("");
        }
        else
        {
            Response.Write("<script language='javascript'>alert('密码不正
确')</script>");
            txtLoginUsr.Value=name;
            txtPwd.Value="";
            txtCheckCode.Value="";
            txtPwd.Focus();
        }
    }
```

10. 数据库连接

```
namespace Acuzio.DB
{
    ///<summary>
    ///DBFactory 提供最基本的数据访问
    ///操作：连接数据库，关闭数据库
    ///</summary>
    public class DBFactory
    {
        private static SqlConnection conn=null;
        public static SqlConnection InitConnection()
        {
            string strSource=@"Data Source=127.0.0.1;Initial Catalog=MaLi;
Integrated Security=True";
            conn=new SqlConnection(strSource);
            conn.Open();
            return conn;
```

```
        }

        public static void DestroyConnection(SqlConnection conn)
        {
            conn.Close();
        }
    }
}
```

第7章

chapter 7

Python 统计实例

7.1 Python 操作基础

安装 Python 环境后,即安装完 Python-2.7.13.msi 后打开 PyScripter 文件夹中的 PyScripter.exe。默认模块 1 为新建文件,即可在其中写 Python 的代码,然后保存到自己的路径下即可。

```
if __name__=='__main__':
    main()
    此为程序的开始,调用 main 函数
def main():
    passl
    为 main 函数可在里面进行编辑,去掉 pass,创建函数以 def 开头
```

只要注意语法格式,其他基本和 C 语言一致,注意 Python 自带的包的使用方法即可。

- 在 Python IDLE 提示符下输入 help(),然后在 help 提示符下输入 print。了解 print 函数的语法。最后输入 quit,退出帮助界面。
- 按 F1 键进入系统帮助文档,通过"目录"或"索引"选项卡选择相关内容获取帮助信息。
- 在 Python IDLE 的 File 菜单中选择 New Window 命令,然后在空白窗口中输入 print("自己的姓名和学号"),再从该窗口的 File 菜单中选择 Save 命令,保存为 me.py 文件。执行 Run|Run Module 菜单命令运行程序。最后执行 File|Close 菜单命令关闭程序窗口。

在 File 菜单中选择 Open 菜单,通过文件浏览对话框选择 me.py,将 print 后的括号去除,运行查看错误。

7.2 Python 统计实例

7.2.1 计算两个气温之间的相关系数

根据表 7-1 中年平均气温和冬季平均气温的等级数据进行下列计算:计算两个气温

之间的相关系数。

表 7-1　中国 1970—1989 年年平均和冬季平均气温

单位：℃

年　　份	年 平 均 气 温									
1970—1979	3.40	3.30	3.20	2.90	3.40	2.80	3.60	3.00	2.80	3.00
1980—1989	3.10	3.00	2.90	2.70	3.50	3.20	3.10	2.80	2.90	2.90
年　　份	冬 季 平 均 气 温									
1970—1979	3.24	3.14	3.26	2.38	3.32	2.71	2.84	3.94	2.75	1.83
1980—1989	2.80	2.81	2.63	3.20	3.60	3.40	3.07	1.87	2.63	2.47

代码如下所示。

```python
import math
def main():
    a=[3.4,3.3,3.2,2.9,3.4,2.8,3.6,3,2.8,3,3.1,3,2.9,2.7,3.5,3.2,3.1,2.8,
    2.9,2.9]
    b=[3.24,3.14,3.26,2.38,3.32,2.71,2.84,3.94,2.75,1.83,2.8,2.81,2.63,3.2,3.
    6,3.4,3.07,1.87,2.63,2.47]
    ave_a=0.0
    ave_b=0.0
    sum=0.0
    cha_a=[]
    cha_b=[]
    leijia_ab=0.0
    leijia_aa=0.0
    leijia_bb=0.0
    r=0.0
    for i in range(0,len(a)):
        sum+=a[i]
    ave_a=sum/20;  #计算第一个参数的平均值
    sum=0.0;
    for i in range(0,len(b)):
        sum+=b[i];
    ave_b=sum/20;  #计算第二个参数的平均值

    for i in range(0,len(a)):
        cha_a.append(a[i]-ave_a)
        cha_b.append(b[i]-ave_b)
        leijia_ab+=cha_a[i] * cha_b[i];
        leijia_aa+=cha_a[i] * cha_a[i];
        leijia_bb+=cha_b[i] * cha_b[i];
    r=leijia_ab/math.sqrt(leijia_aa * leijia_bb);
```

```
        print "r is",r

if __name__=='__main__':
main()
```

运行结果：

```
r is 0.468517048951
```

7.2.2 冒泡排序

代码如下所示。

```
def main():
    lists=[3.4,3.3,3.2,2.9,3.4,2.8,3.6,3,2.8,3,3.1,3,2.9,2.7,3.5,3.2,3.1,2.8,
    2.9,2.9]
    count=len(lists)
    for i in range(0, count):
        for j in range(i, count):
            if lists[i]>lists[j]:
                lists[i], lists[j]=lists[j], lists[i]
    print lists

if __name__=='__main__':
main()
```

运行结果：

```
[2.7,2.8,2.8,2.8,2.9,2.9,2.9,3,3,3,3.1,3.1,3.1,3.2,3.2,3.3,3.4,3.4,3.5,3.6]
```

冒泡排序（打印中间排序结果）代码如下。

```
#-*-coding: cp936-*-
def main():
    lists=[3.4,3.3,3.2,2.9,3.4,2.8,3.6,3,2.8,3,3.1,3,2.9,2.7,3.5,3.2]
    print '原始序列:',lists
    count=len(lists)
    for i in range(0, count):
        for j in range(i, count):
            if lists[i]>lists[j]:
                lists[i], lists[j]=lists[j], lists[i]
        print '第',i+1,'趟:',lists
    print '最终结果:',lists

if __name__=='__main__':
main()
```

结果如图 7-1 所示。

```
============= RESTART: C:/Users/Administrator/Desktop/maopao.py =============
原始序列: [3.4, 3.3, 3.2, 2.9, 3.4, 2.8, 3.6, 3, 2.8, 3, 3.1, 3, 2.9, 2.7, 3.5, 3.2]
第 1 趟: [2.7, 3.4, 3.3, 3.2, 3.4, 2.9, 3.6, 3, 2.8, 3, 3.1, 3, 2.9, 2.8, 3.5, 3.2]
第 2 趟: [2.7, 2.8, 3.4, 3.3, 3.4, 3.2, 3.6, 3, 2.9, 3, 3.1, 3, 2.9, 2.8, 3.5, 3.2]
第 3 趟: [2.7, 2.8, 2.8, 3.4, 3.3, 3.4, 3.6, 3.2, 3, 2.9, 3, 3.1, 3, 2.9, 3.5, 3.2]
第 4 趟: [2.7, 2.8, 2.8, 2.9, 3.4, 3.4, 3.6, 3.3, 3.2, 3, 3.1, 3, 2.9, 3.5, 3.2]
第 5 趟: [2.7, 2.8, 2.8, 2.9, 2.9, 3.4, 3.6, 3.4, 3.3, 3.2, 3.1, 3, 3, 3.5, 3.2]
第 6 趟: [2.7, 2.8, 2.8, 2.9, 2.9, 3, 3.6, 3.4, 3.4, 3.3, 3.2, 3.1, 3, 3, 3.5, 3.2]
第 7 趟: [2.7, 2.8, 2.8, 2.9, 2.9, 3, 3, 3.6, 3.4, 3.4, 3.3, 3.2, 3.1, 3, 3.5, 3.2]
第 8 趟: [2.7, 2.8, 2.8, 2.9, 2.9, 3, 3, 3.6, 3.4, 3.4, 3.3, 3.2, 3.1, 3.5, 3.2]
第 9 趟: [2.7, 2.8, 2.8, 2.9, 2.9, 3, 3, 3, 3.1, 3.6, 3.4, 3.4, 3.3, 3.2, 3.5, 3.2]
第 10 趟: [2.7, 2.8, 2.8, 2.9, 2.9, 3, 3, 3.1, 3.2, 3.6, 3.4, 3.4, 3.3, 3.5, 3.2]
第 11 趟: [2.7, 2.8, 2.8, 2.9, 2.9, 3, 3, 3.1, 3.2, 3.2, 3.6, 3.4, 3.4, 3.5, 3.3]
第 12 趟: [2.7, 2.8, 2.8, 2.9, 2.9, 3, 3, 3.1, 3.2, 3.2, 3.3, 3.6, 3.4, 3.5, 3.4]
第 13 趟: [2.7, 2.8, 2.8, 2.9, 2.9, 3, 3, 3.1, 3.2, 3.2, 3.3, 3.4, 3.6, 3.5, 3.4]
第 14 趟: [2.7, 2.8, 2.8, 2.9, 2.9, 3, 3, 3.1, 3.2, 3.2, 3.3, 3.4, 3.4, 3.6, 3.5]
第 15 趟: [2.7, 2.8, 2.8, 2.9, 2.9, 3, 3, 3.1, 3.2, 3.2, 3.3, 3.4, 3.4, 3.5, 3.6]
第 16 趟: [2.7, 2.8, 2.8, 2.9, 2.9, 3, 3, 3.1, 3.2, 3.2, 3.3, 3.4, 3.4, 3.5, 3.6]
最终结果: [2.7, 2.8, 2.8, 2.9, 2.9, 3, 3, 3.1, 3.2, 3.2, 3.3, 3.4, 3.4, 3.5, 3.6]
```

图 7-1　程序运行结果

7.2.3　逐步回归计算实习

1. 实习目的

（1）通过编制逐步回归计算程序了解该方法的计算步骤及计算中可能出现的各种问题。

（2）编制一个可以用于预报的逐步回归计算程序。

2. 实习要求

（1）编写逐步回归程序。

（2）根据所给材料，建立回归方程，并求出相应的复相关系数和剩余标准差。

（3）画出预报量的实测及预报曲线。

3. 资料

材料（1）：课本例题。

m＝4，n＝13，Fa＝3.29　　　　　　　　m:变量数　　　　　　　　n:样本数

x1	7	1	11	11	7	11	3	1	2	21	1	11	10
x2	26	29	56	31	52	55	71	31	54	47	40	66	68
x3	6	15	8	8	6	9	17	22	18	4	23	9	8
x4	60	52	20	47	33	22	6	44	22	26	34	12	12
y	78.5	74.3	104.3	87.6	95.9	109.2	102.7	72.5	93.1	115.9	83.8	113.3	109.4

材料（2）：江苏气象台对雷雨季节进行了中长期预报，预报量为入梅时间，选择 6 个预报因子，以前 23 年的气象资料作为样本，用逐步回归方法建立预报方程。

　　　　m=6，n=23，Fa=4　　　　　m:变量数　　　　n:样本数

x1	31	30	33	25	26	27	27	31	31	28	25	30	24	28	30	27	26	30	28	29	32	20	34
x2	7	5	10	4	6	9	7	13	8	14	16	12	5	3	0	2	10	11	6	9	13	7	7
x3	16	4	0	6	12	19	19	4	1	0	18	5	22	19	0	14	7	1	7	22	0	12	6
x4	5	7	0	0	5	4	4	2	0	0	4	2	9	2	0	4	3	0	0	1	0	0	0
x5	4	4	0	6	7	9	5	2	2	4	7	4	8	4	0	8	9	2	5	5	1	5	3
x6	265	262	258	262	260	266	259	257	266	265	268	262	264	262	264	259	262	260	260	259	263	251	257
y	23	23	3	20	26	27	19	6	16	22	24	30	28	24	24	30	17	9	20	16	9	16	16

4．结果

材料（1）：

回归方程为 $y=52.577+1.468\times1+0.662\times2$。

复相关系数为 $R=0.989$，剩余标准差为 2.406。

结果如图 7-2 所示。

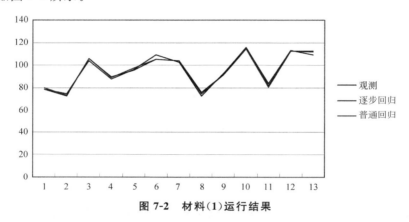

图 7-2　材料（1）运行结果

材料（2）：

回归方程为 $y=-188.085+-0.773\times2+1.443\times5+0.793\times6$。

复相关系数为 $R=0.806$，剩余标准差为 4.736。

结果如图 7-3 所示。

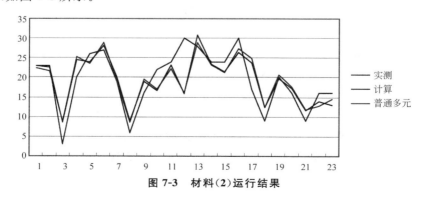

图 7-3　材料（2）运行结果